高等学校碳中和城市与低碳建筑设计系列教材
高等学校土建类专业课程教材与教学资源专家委员会规划教材

丛书主编　刘加平

装配式建筑设计概论

Introduction to Prefabricated Architecture Design

覃琳　王雪松　孙雁　编著

中国建筑工业出版社

图书在版编目（CIP）数据

装配式建筑设计概论 = Introduction to
Prefabricated Architecture Design ∕ 覃琳，王雪松，
孙雁编著. --北京：中国建筑工业出版社，2024. 12.
（高等学校碳中和城市与低碳建筑设计系列教材 ∕ 刘加平
主编）（高等学校土建类专业课程教材与教学资源专家委
员会规划教材）. --ISBN 978-7-112-30719-7

Ⅰ. TU3
中国国家版本馆CIP数据核字第2024FC8777号

为了更好地支持相应课程的教学，我们向采用本书作为教材的教师提供课件，有需要者可与出版社联系。
建工书院：https://edu.cabplink.com
邮箱：jckj@cabp.com.cn 电话：（010）58337285

策　　划：陈　桦　柏铭泽
责任编辑：柏铭泽　陈　桦
责任校对：赵　力

高等学校碳中和城市与低碳建筑设计系列教材
高等学校土建类专业课程教材与教学资源专家委员会规划教材
丛书主编　刘加平

装配式建筑设计概论
Introduction to Prefabricated Architecture Design
覃琳　王雪松　孙雁　编著
*
中国建筑工业出版社出版、发行（北京海淀三里河路9号）
各地新华书店、建筑书店经销
北京锋尚制版有限公司制版
北京中科印刷有限公司印刷
*
开本：787 毫米×1092 毫米　1/16　印张：14　字数：253 千字
2025 年 1 月第一版　　2025 年 1 月第一次印刷
定价：**59.00** 元（赠教师课件）
ISBN 978-7-112-30719-7
　　　（44470）

《高等学校碳中和城市与低碳建筑设计系列教材》编审委员会

《高等学校碳中和城市与低碳建筑设计系列教材》

总序

党的二十大报告中指出要"积极稳妥推进碳达峰碳中和，推进工业、建筑、交通等领域清洁低碳转型"，同时要"实施城市更新行动，加强城市基础设施建设，打造宜居、韧性、智慧城市"，并且要"统筹乡村基础设施和公共服务布局，建设宜居宜业和美乡村"。中国建筑节能协会的统计数据表明，我国2020年建材生产与施工过程碳排放量已占全国总排放量的29%，建筑运行碳排放量占22%。提高城镇建筑宜居品质、提升乡村人居环境质量，还将会提高能源等资源消耗，直接和间接增加碳排放。在这一背景下，碳中和城市与低碳建筑设计作为实现碳中和的重要路径，成为摆在我们面前的重要课题，具有重要的现实意义和深远的战略价值。

建筑学（类）学科基础与应用研究是培养城乡建设专业人才的关键环节。建筑学的演进，无论是对建筑设计专业的要求，还是建筑学学科内容的更新与提高，主要受以下三个因素的影响：建筑设计外部约束条件的变化、建筑自身品质的提升、国家和社会的期望。近年来，随着绿色建筑、低能耗建筑等理念的兴起，建筑学（类）学科教育在课程体系、教学内容、实践环节等方面进行了深刻的变革，但仍存在较大的优化和提升空间，以顺应新时代发展要求。

为响应国家"3060""双碳"目标，面向城乡建设"碳中和"新兴产业领域的人才培养需求，教育部进一步推进战略性新兴领域高等教育教材体系建设工作。旨在系统建设涵盖碳中和基础理论、低碳城市规划、低碳建筑设计、低碳专项技术四大模块的核心教材，优化升级建筑学专业课程，建立健全校内外实践项目体系，并组建一支高水平师资队伍，以实现建筑学（类）学科人才培养体系的全面优化和升级。

"高等学校碳中和城市与低碳建筑设计系列教材"正是在这一建设背景下完成的，共包括18本教材，其中，《低碳国土空间规划概论》《低碳城市规划原理》《建筑碳中和概论》《低碳工业建筑设计原理》《低碳公共建筑设计原理》这5本教材属于碳中和基础理论模块；《低碳城乡规划设计》《低碳城市规划工程技术》《低碳增汇景观规划设计》这3本教材属于低碳城市规划模块；《低碳教育建筑设计》《低碳办公建筑设计》《低碳文体建筑设计》《低碳交通建筑设计》《低碳居住建筑设计》《低碳智慧建筑设计》这6本教材属于低碳建筑设计模块；《装配式建筑设计概论》《低碳建筑材料与构造》《低碳建筑设备工程》《低碳建筑性能模拟》这4本教材属于低碳专项技术模块。

本系列丛书作为碳中和在城市规划和建筑设计领域的重要研究成果，涵盖了从基础理论到具体应用的各个方面，以期为建筑学（类）学科师生提供全面的知识体系和实践指导，推动绿色低碳城市和建筑的可持续发展，培养高水平专业人才。希望本系列教材能够为广大建筑学子带来启示和帮助，共同推进实现碳中和城市与低碳建筑的美好未来！

丛书主编、西安建筑科技大学建筑学院教授、中国工程院院士

前言

　　装配式建筑是当代建筑转型升级的需求，是实现国家新型城镇化及节能减排战略的重要举措。建筑产业现代化对建筑工业化的标准化设计、工厂化生产、装配化施工、一体化装修和全过程的信息化管理等方面提出了生产方式的变革要求，推广装配式建筑是发展新型建造模式的重要支撑。装配式建筑在缩短建造工期、提升工程质量方面有系统优势，并且减少建造过程的垃圾和环境污染，可以有效协同、促进智能化建造的发展。

　　当前，装配式建筑在企业部品、部件生产方面有一定的发展，也积累了大量的造价管控和施工管理经验。但是，在当前的政策积极引导和快速的产业化发展中，建筑师快速进入新工艺、新技术、新设备的产业化浪潮，而空间设计的新方法尚未得到较为系统的训练，使得装配式建筑仍然未能在设计市场的发展中形成良好的设计主动性。作为传统的"龙头"专业，建筑学在产业发展中的市场引导作用发挥不足，在很大程度上影响了建筑产业化的转型效率。

　　本教材的目标是培养建筑师主动介入关于装配式建筑设计的理念和方法技巧。教材以每一章为一讲的专题讲授方式，通过16个相互关联但又各自独立的单元，为设计师提供一个相对完整的视野，使之理解现代主义与工业化推动下的建筑作品与建筑师，了解新形势下的建筑系统集成对设计全过程的影响；同时，教材还结合实际案例解析装配式建筑设计的空间与技术限定，并突出产业转型期特殊的建筑"产品"需求。通过对本书的阅读学习，结合课程实践训练，有助于帮助建筑师了解、适应新形势下的设计限定，并提升专业设计介入产业化的主动性。教材在教育部虚拟教研室平台配套有核心课程、实践训练、配套课件等资源，实现了纸数融合的课程体系建设。

　　本教材适用于建筑学专业的高年级教学，在已有的建筑设计、建筑构造学习的基础上，作为专门化方向的专业训练。同时，本教材也适用于面向装配式建筑企业的人才培养，以及相关领域高职、高专教学的参考，以及对装配式建筑和产业领域感兴趣的不同专业人员的阅读。

　　由于产业化发展的改变，装配式建筑的设计要求也面临快速的发展变化。本教材以专题引导的方式展开知识、方法的阐述，并保持开放的内容更新原则，在使用中及时推进版本修订，以满足教学内容的时效性。教材的16讲即16个单元是相对独立的讲授专题，但相互之间仍然存在知识体系上的复杂关联、交错，在教学中很难以简单的线性思维进行传统的"知识点"逻辑的归纳。课程建议是教材讲授者能在教学团队组织上兼顾不同专业的背景，以专题方式开展教学，或具备较为多元的学科实践背景。同时，欢迎各位同行及教学、学习者提出宝贵意见。

本书得到重庆大学教材建设基金资助。

本书主审人为重庆大学魏宏杨教授。

本书参加编写人员：

第1章　王朝霞（重庆大学）

第2章　王朝霞、孙雁（重庆大学）

第3章　覃琳（重庆大学）、孙雁

第4章　覃琳

第5章　宗德新（重庆大学）

第6章　孙雁

第7章　孙雁

第8章　余周（中冶赛迪工程技术股份有限公司）

第9章　邹胜斌（重庆大学建筑规划设计研究总院有限公司）

第10章　王雪松（重庆大学）

第11章　王雪松

第12章　王雪松

第13章　王雪松

第14章　余周

第15章　唐毅（中机中联工程有限公司）

第16章　覃琳、王朝霞、王雪松、孙雁

除此以外，重庆大学建筑城规学院对本书的编写和出版工作提供了大力支持，魏宏杨为本书的内容细节提出了翔实、有助益的宝贵建议。西安建筑科技大学的各位同仁为丛书的出版辛勤地付出。中国建筑工业出版社陈桦编审建设性的意见使本书的选题特色更为鲜明，柏铭泽编辑在历时两年多的繁复工作中为内容的编排付出了大量的协同努力。本书出版过程中，也得到作者工作团队成员胡樱译、齐睿、鲁会千、刘思佳等的协助，安世成、秦润城、马咏嘉、简沛言、唐雪晴、刘静等参与了部分配图的整理绘制工作。在此一并致谢。

编者

2024年7月

发展背景及特色综述	1. 装配式建筑发展概述	1. 工业革命与建筑工业化 2. 建筑大师们的实验与探索
	2. 装配式建筑的设计流程与集成	1. 相关概念辨析 2. 装配式建筑的设计流程 3. 装配式建筑的系统集成与构成体系
介入装配式建筑的整体设计策略	3. 产业化背景下的建筑设计转变	1. 装配式建筑的产品设计需求：产业化背景与市场化需求 2. 产业化对建筑设计的要求：设计的选择与角色转型 3. 建筑产品化的发展模式：设计研发与企业需求
	4. 建筑师的空间和产品策略	1. 结构技术发展背景下的空间创造 2. 通用与多元
装配式建筑设计的建筑要素认知	5. 符合装配式建筑要求的平面设计	1. 符合装配式建筑要求的平面设计原则："六化"原则 2. 符合装配式建筑要求的建筑平面设计要点：平面、空间与一体化需求
	6. SI与装配式内装	1. SI概念 2. 装配式内装：内装六面体与干式工法 3. 基于SI概念的建筑设计：案例解析
	7. 典型内装部品及集成化设计	1. 装配式内装的系统构成与典型部品 2. 内装部品集成化设计：案例解读
装配式建筑设计的结构要素认知	8. 装配式建筑的结构适用性	1. 结构概述：类型与体系 2. 装配式混凝土结构：适用性及主要类型 3. 装配式钢结构：适用性及主要类型 4. 装配式木结构：适用性及主要类型
	9. 结构部件的拆分与连接	1. 概念 2. 装配式混凝土结构部件的拆分与连接 3. 装配式钢结构部件的拆分与连接 4. 装配式木结构部件的连接
装配式建筑设计的典型单元：模块式建筑	10. 模块化建筑设计概述	1. 背景：概念、特点、类型及设计师定位 2. "间"与模块：空间单元与组合
	11. 模块化建筑的结构	1. 结构原理 2. 结构体系 3. 常用模块类型
	12. 模块化建筑的界面构造	1. 界面体系分类 2. 实体构造体系：墙体/楼板和顶棚 3. 骨架+面板构造体系：墙体/楼板和顶棚
	13. 模块化建筑的造型	1. 建构与表达 2. 体量堆叠 3. 立面多样 4. 工艺之美
应用综合：全流程的设计与实施	14. 装配式建筑的成本分析	1. 增量成本原因分析：单价/技术体系/工艺工法等 2. 减少增量成本措施：技术体系及全流程要素
	15. 装配式建筑项目实施案例解读	项目实践案例库（从教材资源到线上资源）
	16. 装配式建筑的设计训练	设计训练案例库（从教学引导到线上资源）

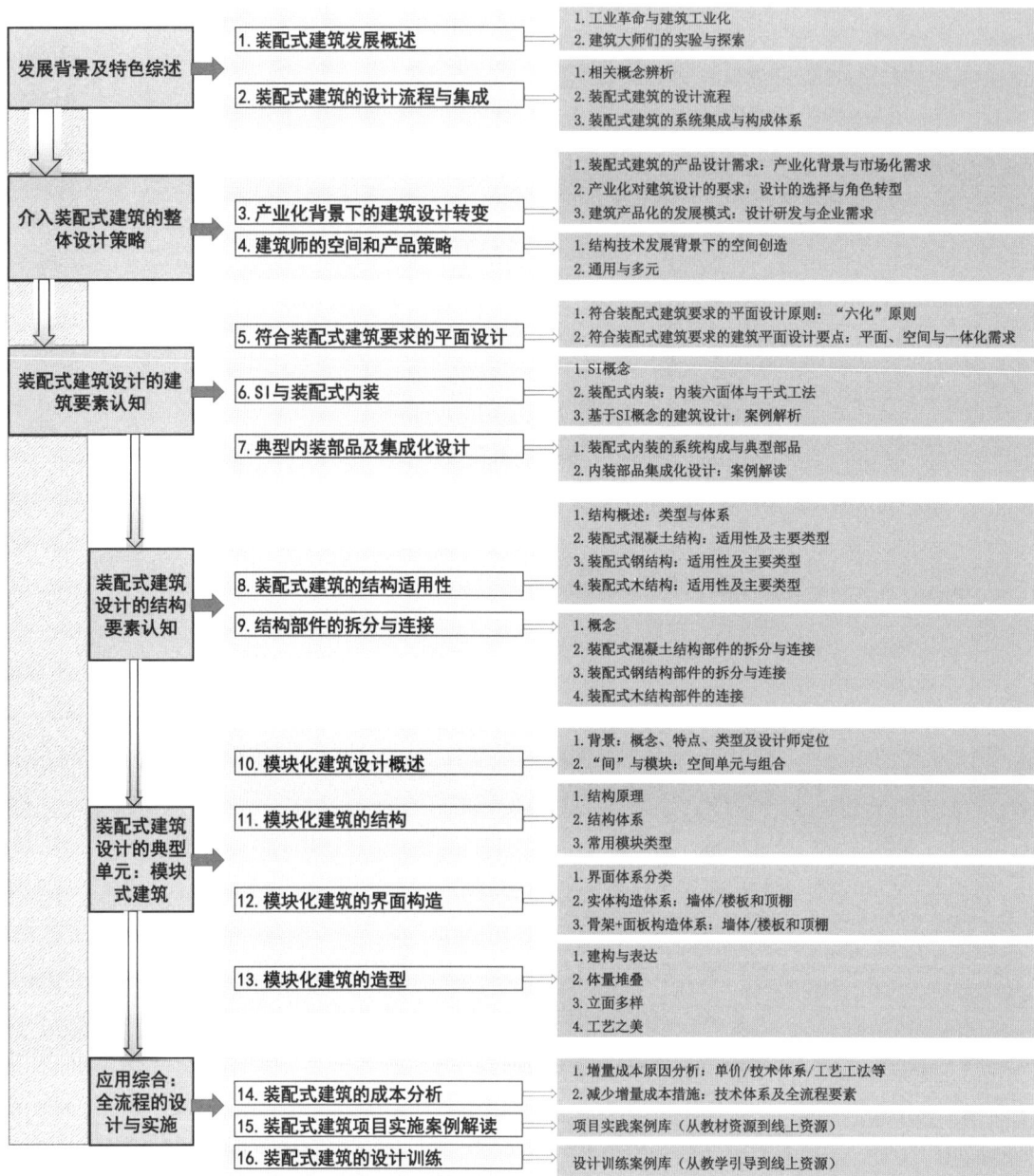

本书知识框架图

目录

第 1 章　装配式建筑发展概述

【本章导读】装配式建筑是建筑工业化的产物，而建筑工业化从根本上说又是工业革命的产物。工业革命让机械化生产取代了传统手工劳动，建筑业也因此发生了翻天覆地的变化。现代建筑的先驱者们在这段历史进程中，结合时代技术的发展做了很多有益的创新和探索。装配式建筑在中国也曾经得到了较好的应用，而在当前伴随我国建筑产业的升级，装配式建筑又重新获得重视并具有良好的发展前景。

1.1 工业革命与建筑工业化

"装配式建筑是现代主义建筑理念和实验的核心主题，诞生于建筑与工业的合流之期"。谈到装配式建筑，它是建筑工业化的产物，首先有了工厂的预制生产，然后才出现现场的装配施工。而建筑工业化显然又是与工业革命的发展不可分割的。实际上，建筑工业化，甚至是建筑学专业的发展，都与工业革命在历史上是平行的。

第一次工业革命时间大概是1760—1840年，其主要标志是蒸汽机的广泛使用，并由此开创了用机器代替手工劳动的时代。这场由英国率先发起的技术革命，改变了世界的面貌，也使英国很快成为世界霸主。在当时的英国，预制铸锻铁被广泛采用，从桥梁、船舶到常规房屋都有大量应用。铸锻铁建筑是当代钢结构建筑的先驱，在19世纪初期技术发展逐渐实现组装线式的生产和施工，如梁柱、桁架、窗户等构件都是在工厂中加工制作，然后再运往工地现场拼装。铸锻铁建筑技术的巅峰代表就是1851年在英国伦敦举办的首届世界博览会（以下简称伦敦世博会）的主馆"水晶宫"，其总长度达到563m，宽度为124m，是世界上第一座用金属和玻璃建造起来的大型建筑，并采用了重复生产的标准预制单元构件。整个建筑由铁和玻璃组成，没有任

何多余装饰，完全体现了工业生产的机械特色。施工从1850年8月开始，到1851年5月1日结束，总共花了不到9个月时间便全部装配完毕。"水晶宫"的出现曾轰动一时，其数量庞大的工厂生产构件及其所体现的完成细节让人们感到震惊（图1-1）。1889年竣工的举世闻名的埃菲尔铁塔也采用了大量金属预制构件。

1870年以后，科学技术的发展突飞猛进，各种新技术、新发明层出不穷，并被迅速应用于工业生产。电力

图1-1　1851年伦敦世博会的主馆"水晶宫"

大规模的应用、飞机的发明、无线电通信等都大大促进了社会的进步和经济的发展，这就是第二次工业革命。工业革命时代是一个技术体系和审美体系都在发生改变的时代，"更快、更好、更经济"的愿望已然成为一种新的社会价值观。特别是在经历了两次世界大战之后，欧洲的城市遭受重创，无法提供正常的居住条件，且劳动力资源短缺，此时急需一种建设速度快且劳动力占用较少的新建造方式，以满足短时间内各国对住宅的需求。因此，能够迅速生产建造的各种装配式住宅建筑得到了广泛的实验并应用。现代建筑运动的几位巨匠，以沃尔特·格罗皮乌斯（Walter Gropius）、勒·柯布西耶和密斯·凡·德·罗为代表，开始寻求设计和生产的创新途径，他们的尝试都与装配式技术密不可分。

1.2
建筑大师们的实验与探索

1．沃尔特·格罗皮乌斯的实验与探索

沃尔特·格罗皮乌斯（Walter Gropius）在包豪斯时期就表现出对装配式技术的兴趣。1910年，格罗皮乌斯与贝伦斯事务所合作，为德国电气公司设计了大规模生产的庇护所方案。20世纪30年代早期，格罗皮乌斯开发了铜制外墙板系统。格罗皮乌斯还与瓦克斯曼合作，提出了可以大规模生产的装配式"打包住宅"（Packaged House），如图1-2所示，为美国战时和战后提供住房。"打包住宅"的主要构件是宽1.13m（三尺四寸）、高2.44m（八尺四寸）的标准板材。以水平向的1.13m（三尺四寸）为模数，这一体系可以无限延展，形成多种建筑形式变体。有关"打包住宅"的具体内容可参阅由Gilberet Herbert编写，MIT出版社出版的《工厂制造房屋的梦想》（*Dream of the Factory-made House*）一书，书中详细叙述了这个项目的设计和生产历史。

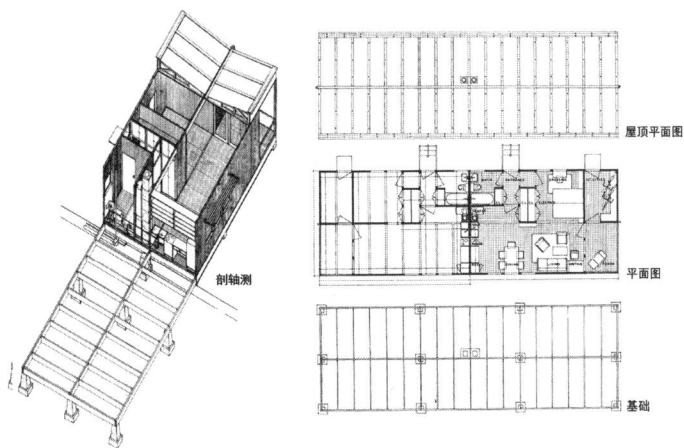

图1-2　格罗皮乌斯和瓦克斯曼设计的"打包住宅"

2．勒·柯布西耶的实验与探索

　　勒·柯布西耶（Le Corbusier）在1923年写下的现代建筑宣言式的著作《走向新建筑》一书中就明确提出"像造汽车一样造房子"。他宣称"住宅是居住的机器"，为了创造一个用于生存的机器，勒·柯布西耶设计了一个名叫"雪铁龙住宅"（The Citrohan House）的系列房屋原型，如图1-3所示。"雪铁龙"是法国的知名汽车品牌，所以这个住宅的名字就具有双关性。雪铁龙住宅的灵感来自早期标准化汽车工业中所使用的方法，其将勒·柯布西耶新建筑五要素的思想合为一体。这种住宅体系由两堵独立的承重墙构成，采用当地的材料砖、石、混凝土砌块等；楼板遵循同一模数，由工厂生产的系列窗框及实用的小窗也遵循同一模数。

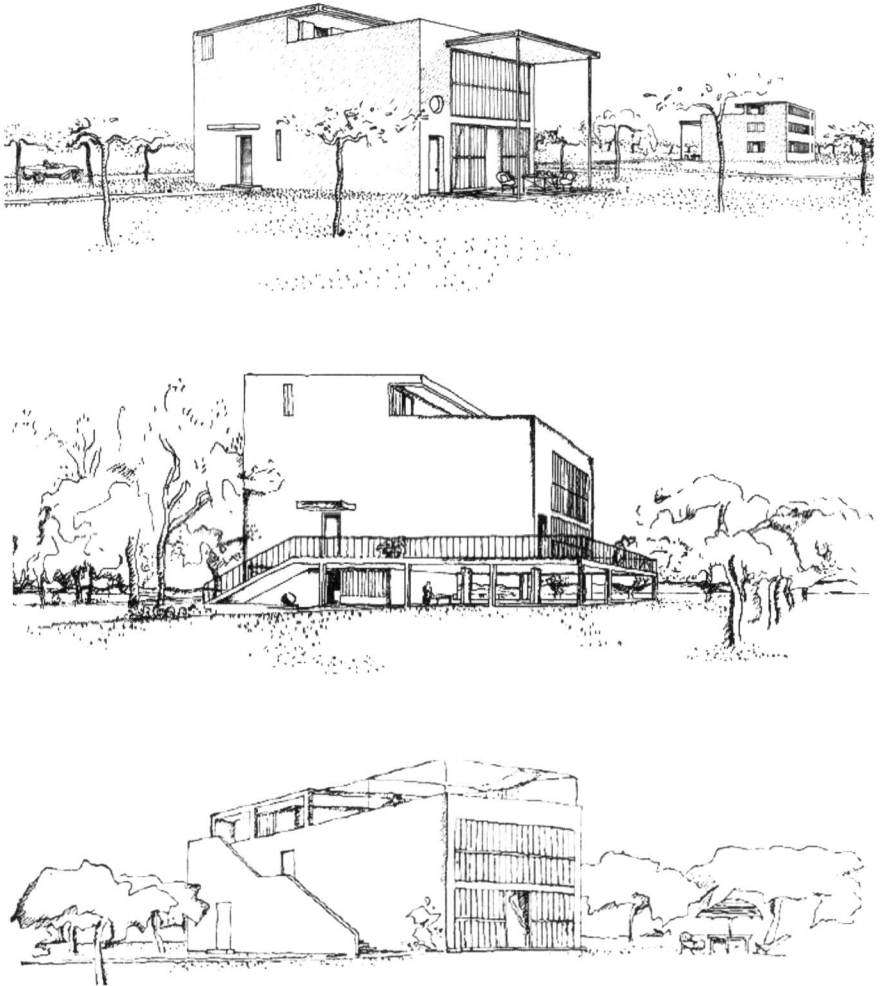

图1-3 "雪铁龙住宅"系列房屋

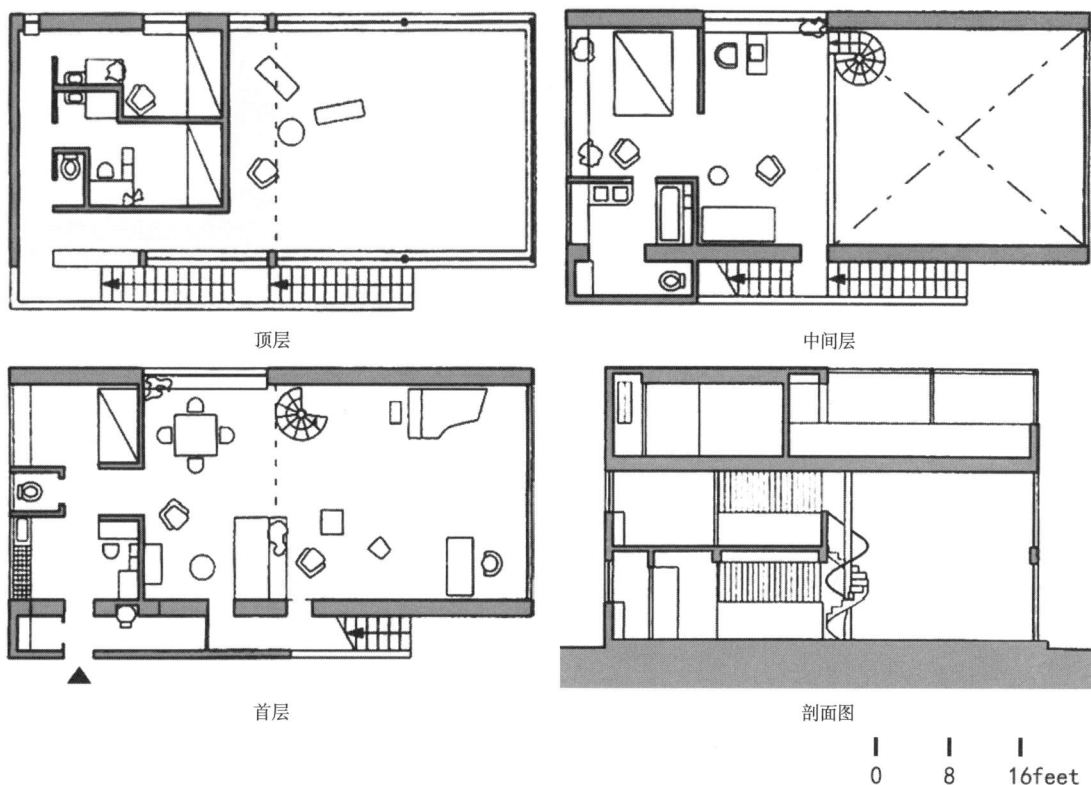

顶层

中间层

首层

剖面图

| | | | |
|0| |8| |16feet|

图1-3 "雪铁龙住宅"系列房屋（续图）

图1-4 马赛公寓

柯布西耶最受世人瞩目的项目之一是马赛公寓。马赛公寓是能容纳1600余人的超级住宅，也是一座包含了居住、商店、幼儿园、游泳池、屋顶花园的"小城"。实际上，这是法国战后重建项目的一栋新型密集型住宅，是柯布西耶为遭到炸弹袭击后流离失所的马赛人民设计的多户住房，如图1-4所示。马赛公寓（法语Unit d'Habitation, Marseille, 意为"单元居住体"）充分集成了柯布西耶关于装配化设计的多种想法。

马赛公寓中的所有尺寸都通过模数来进行协调，居住单元的开间、高度、全部家具、屋顶构筑物等都采用一套数列体系进行设计。这套数列体系就是著名的"模度"（Modulor），即以男子身体的各部分尺寸为基础形成一系列接近黄金分割的定比数列，如图1-5所示。"模度"就是标准化设计的思维，是实现装配化的有效手段。

5

图1-5 马赛公寓墙面上拓印的模度（Modulor）

马赛公寓整体为钢筋混凝土框架，预制的跃层式居住单元嵌入混凝土框架中，柯布西耶称之为"仿佛酒瓶放入酒架内"（图1-6）。在建设"酒架"的同时，"酒瓶"就可以在别处进行生产了，并在生产完成后再运输到"酒架"下进行吊装与安装。此外，每个独立的居住单元之间还铺有铅垫以起到隔声的作用。在之后的4座住宅建设中，柯布西耶将这个结构进行了改进，将"酒瓶与酒架"改进为"鞋盒"，即每套公寓都是一个独立的预应力混凝土盒子，每个盒子以铅垫作为介质堆叠起来，因此没有严格意义上的骨架，从而降低了工程造价。马赛公寓居住单元的楼板和隔墙也均为预制构件（图1-7）。

作为20世纪最具影响力的现代建筑大师，柯布西耶的这些住宅实验和利用工业生产的想法对装配式技术和工厂化生产在住宅产业中的作用有着重大而深远的意义。

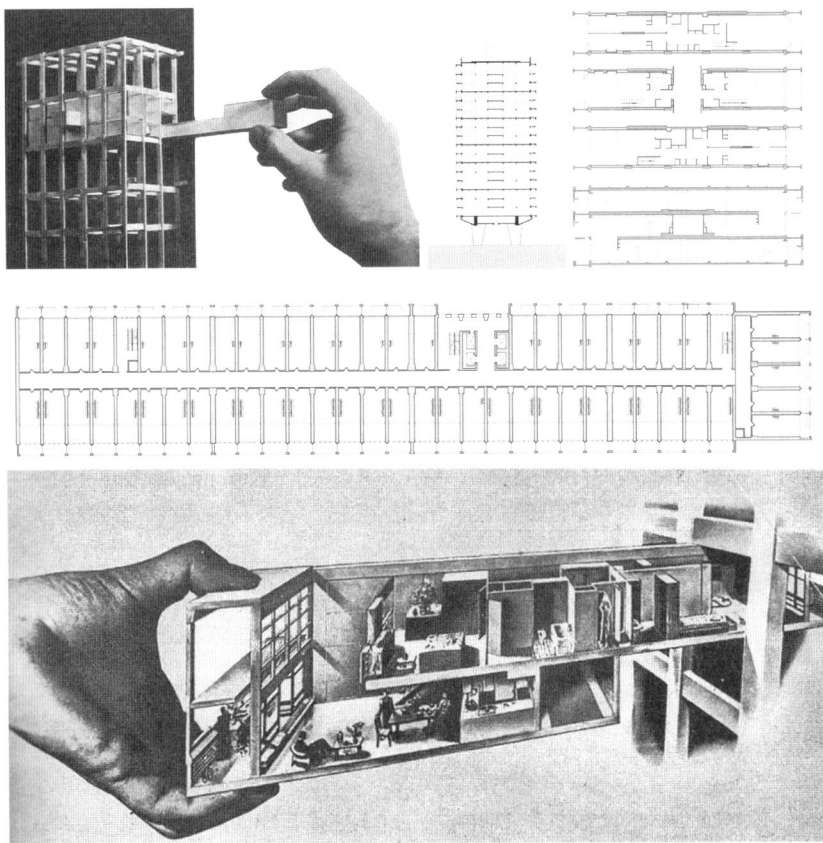

图1-6 "仿佛酒瓶放入酒架内"的装配化设计思路

图1-7 马赛公寓的施工实景图

3．密斯·凡·德·罗的实验与探索

密斯·凡·德·罗（Mies Vander Rohe）同样对工业化建筑很感兴趣，他曾说过："在我们这个时代，工业化是营造的核心问题。如果我们成功地贯彻了这种工业化，那么就能轻易解决社会经济、技术和艺术方面存在的问题。"密斯·凡·德·罗对当代建筑学最大的贡献就是他对玻璃和钢的热爱，是他将钢和玻璃建筑变成一种现代审美的主流观念。在其举世闻名的巴塞罗那德国馆和范斯沃斯住宅中，我们都领略了玻璃和钢创造的极简主义审美。在密斯·凡·德·罗的几乎所有建筑平面图中都能看见方形网格的图底，其实那就是模数网格的控制线，如图1-8所示。钢和玻璃都是天生的预制装配材料，因此模数协调尤为重要。

1950年，密斯·凡·德·罗担任美国伊利诺伊理工学院建筑系主任时设计了建筑系馆克朗楼（Crown Hall）。整个建筑由落地玻璃围合成纯净的方盒子，如图1-9所示。该楼的设计使用了1.5m×1.5m的模数，8根间距为3m的工字钢柱撑起了2376m²（66m×36m）室内无柱的教学空间，屋顶则被悬挂在高1.8m的钢梁之下，如图1-10所示，这样的结构设想曾在密斯·凡·德·罗一个未建成的汽车餐厅中出现过。克朗楼有着精致的细部和雅致的比例，一丝不苟的模数、简洁挺拔的线条、逻辑清晰的连接，体现了"少就是多"的设计理念。时至今日，克朗楼仍然鲜活如初，如图1-11所示。

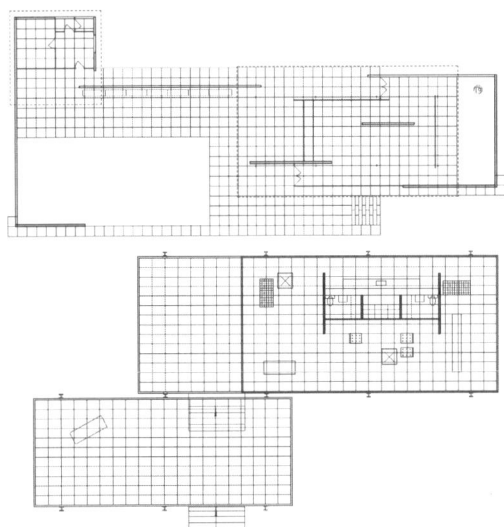

图1-8　巴塞罗那德国馆和范斯沃斯住宅平面图中的模数网格线

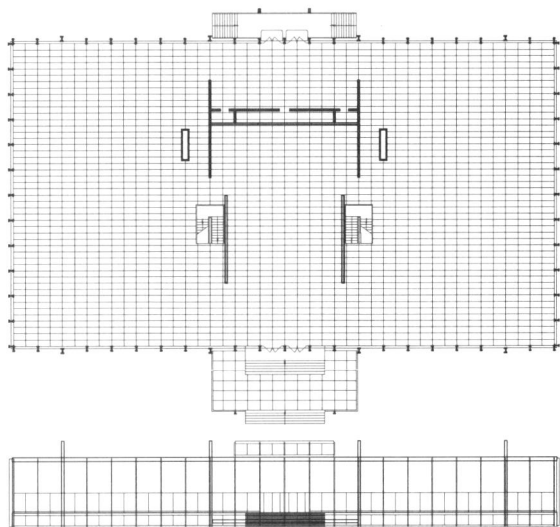

图1-9　克朗楼平、立面图

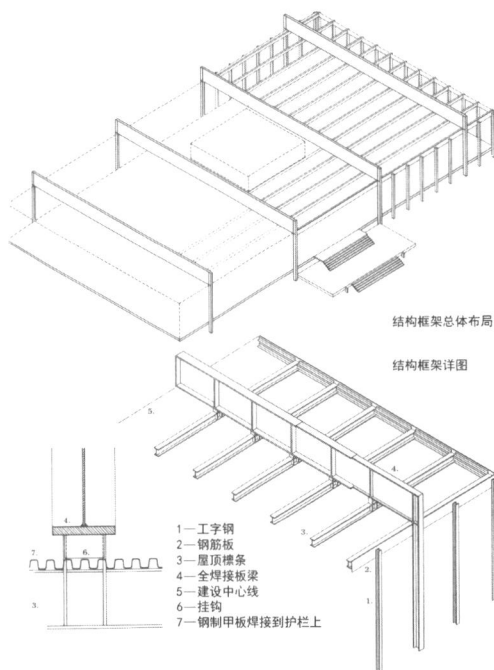

结构框架总体布局

结构框架详图

1—工字钢
2—钢筋板
3—屋顶檩条
4—全焊接板梁
5—建设中心线
6—挂钩
7—钢制甲板焊接到护栏上

图1-10　克朗楼的构造与装配施工　图1-11　克朗楼玻璃盒子内、外空间新老对比

20世纪后期，建筑界涌现了各种流派、思潮及新的探索。但在各类现代建筑史著作中，多论及的是风格、流派和各种"主义"的多元并存，并未专门提及装配式的发展和意义。实际上，从工业革命到建筑工业化宏观的历史层面来看，西方现代建筑学的发展一直是与工业化并行的，一直未脱离过工厂生产与预制装配，因此装配式作为一种建造方式，是建筑学实现其空间和审美理念的技术支撑。现代建筑大师们对当时装配技术的选择和使用固然具有敏锐性和创造性，但也是时代发展必然的趋势。西方现代建筑学由于建筑工业化的发展并未出现过中断或替代，所以装配式建筑也在20世纪后期持续渐进性的演化和发展。而且在之后的多元探索中，也都出现了很多有影响力的经典案例，其中最具代表性的就是加拿大建筑师摩西·萨夫迪（Moshe Safdie）在1967年蒙特利尔世界博览会上设计的Habitat 67（栖息地67号）住宅项目和日本建筑师黑川纪章（Kurokawa Kisho）在1972年设计的东京中银舱体大楼。

图1-12　Habitat 67（栖息地67号）

栖息地67号是由354个预制混凝土模块单元组成的158套房屋的住宅综合体，如图1-12所示。每套房屋由一组1～4个约55m²的"盒子"组成，盒子内集成了设备管线、门窗和模块化厨卫，预制的模块盒子通过各种组合的堆放和钢缆连接建设而成，如图1-13所示。作为1967年世博会加拿大馆，萨夫迪探索了采用预制单元模块来减少住房成本，并成功创造了新的盒子装配住宅类型。东京中银舱体大楼是由140个胶囊盒子堆叠在一起，以不同的角度绕着中心核旋转，每一个单元仅靠

图1-13　预制盒子单元设计与施工

升降服务器实际上是升降轴上的外翼，会被附着的胶囊隐藏

电梯井被螺旋螺钉环绕，连接着多个楼层；楼梯由预制钢筋混凝土制成，每层安装后即可使用，并包括运行电梯的组件，从而减少了建筑时间

由起重机吊起，并用四根高压螺栓固定在吊芯上，所有部件在30天内完工

这些胶囊在集装箱工厂内预制。它们是焊接的轻型钢桁架箱；覆盖有镀锌肋钢面板，一层防锈漆和一层有光泽的konitex（一种不透水的防风雨塑料，估计寿命为20年）

大型卡车将胶囊从450km外的品川组装厂运来；胶囊被重新装上较小的卡车，然后艰难驶入东京市中心

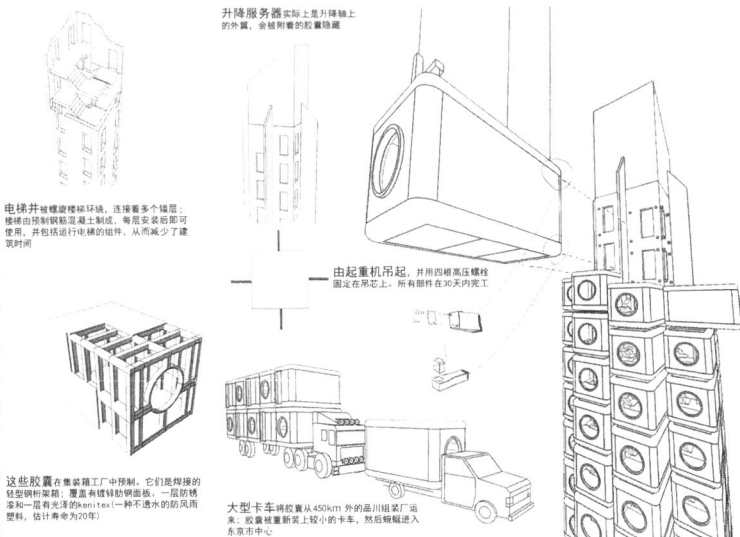

图1-14　东京中银舱体大楼

4枚高张力螺钉安装在混凝土中心核结构上，如图1-14所示学。盒子单元可以被替换，体现了日本新陈代谢派的思想——在建筑中引进成长、变化、代谢、过程、流动性等时间因素，根据年限更换空间和设备。

装配式技术在建筑中的应用初衷是经济适用地解决社会住房需求的问题，而在其演化过程中，建筑师的先锋理念、空间创造与多样化的形态诉求等都赋予了装配式建筑新的活力。发展至今，装配建筑的主要应用还是在于可负担的多户集合住宅类型，还有一些标准化程度较高的公共建筑，如办公楼、病房楼等项目，多采用通用化的单元模块组合。但不能忽视的是，还有少量的高度定制化的公共项目，也采用了专用化的装配方式高技术建造，创造了一些极致独特的地标建筑。例如20世纪后期曾轰动一时的巴黎蓬皮杜艺术中心，如图1-15所示，以及著名的解构主义建筑师弗兰克·盖里（Frank Gehry）设计的毕尔巴鄂古根海姆美术馆和洛杉矶迪士尼音乐厅，如图1-16所示。

图1-15　巴黎蓬皮杜艺术中心

图1-16　洛杉矶迪士尼音乐厅

1.4

装配式建筑在中国的发展

从20世纪50年代开始，我国借鉴苏联的经验，修建了大量的工业厂房，快速完成了国家主要工业的基础建设。这些厂房普遍使用了预制装配的钢筋混凝土或钢排架体系，柱、梁、屋架、屋面板、天窗架等主要构件都采用预制装配技术，如图1-17所示。之后，从20世纪70年代开始，我国在居住建筑领域也从东欧引入了装配式大板住宅体系，其内外墙板、楼板都在预制厂预制成混凝土大板，并采用现场装配，施工中无须模板与支架，施工速度快，效率高。这些住宅虽然平面功能组织大多简单规整，外形平静呆板，但有效地解决了当时大城市高密度的居住问题。有的住宅楼至今仍在使用，如被称为"中国的马赛公寓"的北京崇文门安化楼（图1-18）。

图1-17　20世纪50年代预制装配式工业厂房

图1-18　20世纪70年代北京预制混凝土大板住宅楼

改革开放之后，随着我国住房供给制度的转变，特别是改革开放后大量农村劳动力进入城市造成人工成本的降低，建筑施工大量采用钢筋混凝土现浇技术，加之原有的装配建筑出现墙板渗漏、保温隔声性能差等问题，我国装配式建筑的发展进入了停滞期。直至21世纪10年代后期，对建筑工业化和装配式建筑的呼吁重新升温，在2020年住房和城乡建设部、国家发展和改革委员会、科技部等多部委连续发文，出台了引领行业转型发展的两个重要纲领性文件《住房和城乡建设部等部门关于推动智能建造与建筑工业化协同发展的指导意见》（建市〔2020〕60号）和《住房和城乡建设部等部门关于加快新型建筑工业化发展的若干意见》（建标规〔2020〕8号）。新型工业化的典型代表就是装配式建筑。在2022年发布的《"十四五"建筑业发展规划》（建市〔2022〕11号）中也明确提出大力发展装配式建筑，可见装配式建筑已然成为一项国家战略。

装配式建筑重新成为新时期的主流建筑形式，其背后的原因有三个方面。从社会层面上看，中国人口结构的老龄化使廉价劳动力成为历史，只能依靠大规模工厂化生产；从环境层面上看，随着国家对低碳环保的重视日益加深，装配式建筑更能满足节能减排的要求；从政策层面上看，中国建筑业经过几十年的粗放式发展，急需产业升级，因此有诸多政策都在积极推进装配式建筑发展。

未来已来，建筑学子们应当顺应并把握时代的趋势，调整设计思路，理解并探索标准化设计、非现场制造、批量定制等装配式建筑的技术内涵，结合BIM等数字技术进行设计和模拟，从全过程出发顺应并推动建筑设计的模式变革，以促进设计与产业的融合，并拓展更广阔的建筑创作空间。

本章回顾

工业革命带来建筑工业化。伴随着建筑工业化的发展，预制装配技术与现代建筑大师们的设计理念结合，创造了诸多有社会实验性和广泛适应性的建筑作品。装配式建筑在我国并非新鲜事物，我们曾经有过几十年的装配式建筑应用历史。在呼吁低碳节能和产业升级的今天，装配式建筑不失为一条高效快速、质量可靠、环保节能的发展路径。

思考题与练习题

1. 工业革命在哪些方面促成了装配式建筑的发展？

2. 装配式建筑在当今主要有哪些发展方向？请列举出一些典型案例来说明。

3. 你认为我们应当如何结合信息时代的科技，在我国发展装配式建筑？

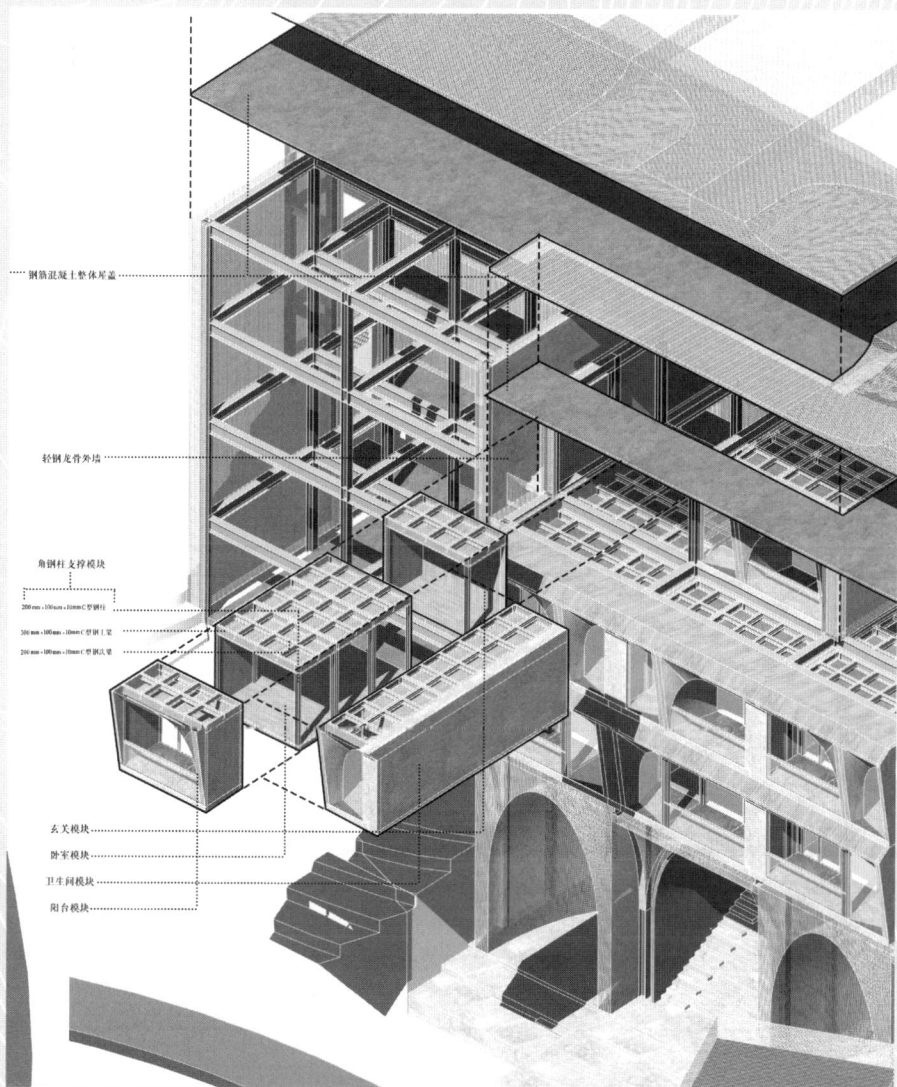

钢筋混凝土整体屋盖

轻钢龙骨外墙

角钢柱支撑模块

200mm×100mm×10mm C型钢行

500mm×100mm×10mm C型钢立柱

200mm×100mm×10mm C型钢吊梁

玄关模块

卧室模块

卫生间模块

阳台模块

第 2 章

装配式建筑的设计流程与集成

【**本章导读**】装配式建筑与工业化建筑、模块建筑等概念有关联也有区别，需要理解辨析。传统建筑的分阶段串联式设计模式造成设计与建造分离，而装配式建筑的特质使其具有设计与建造并行的模式，故更能保证高质量交付和提升综合效益。装配式建筑的结构体系、外围护体系、设备管线与内装体系通过集成设计，可以实现优化和升级，形成一体化设计建造的完整建筑产品。

2.1 相关概念辨析

谈到装配式建筑，就很容易联想到"建筑工业化""工业化建筑""模块建筑"等相关名词，人们对它们之间的关联和区别常常含糊不清；同时，关于装配式建筑还有一些专有名词如"部件""部品"等也容易混淆。因此，本节首先对相关概念进行辨析。

1．建筑工业化

建筑工业化是指通过现代的工业化生产方式和科学管理手段，来代替建筑业中传统的、低效率的手工业生产方式。通俗来说，建筑工业化就是像其他工业行业一样用机械化手段生产定型产品。建筑工业化的主要标志是标准化设计、工厂化生产、装配化施工和信息化管理。

2．工业化建筑

工业化建筑就是用工业化生产方式进行配套生产的建筑。其以标准化设计、工厂化生产、装配化施工、一体化装修和信息化管理等为主要特征。注意工业化建筑不一定都是预制装配式的，例如采用工厂生产的工具式模板浇筑的混凝土现浇建筑也属于工业化建筑。

3．装配式建筑

装配式建筑是指在工厂加工制作好建筑用构件和配件（如楼板、墙板、楼梯、阳台等）后，运输到建筑施工现场，通过可靠的连接方式在现场装配安装而成的建筑，如图2-1所示。装配式建筑包括预制装配式混凝土结构、钢结构、现代木结构建筑等，是现代工业化生产方式的代表。

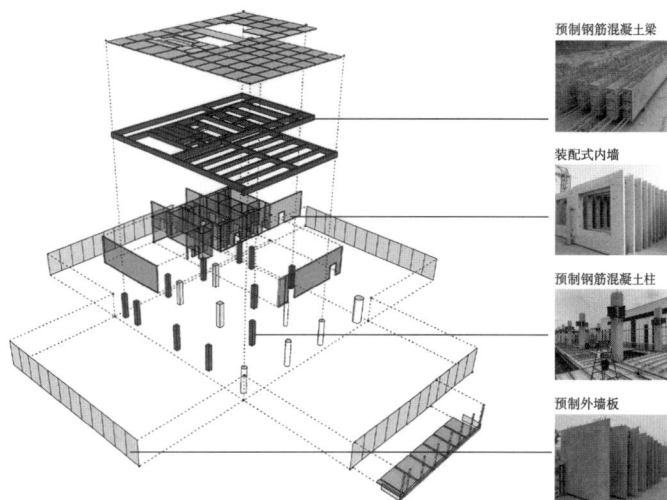

预制钢筋混凝土梁

装配式内墙

预制钢筋混凝土柱

预制外墙板

图2-1　装配式建筑

4．模块建筑

模块建筑是指将建筑分成若干空间单元模块，该单元模块在工厂预制完成，是由主体结构、楼板、吊顶、设备管线、内装部品等组合而成的具有集成功能的三维空间体，并满足各项建筑性能要求和吊装运输的性能要求；将这些模块构件运输至施工现场，然后就像"搭建积木"一样拼装成整体建筑，如图2-2所示。模块建筑是建筑工业化的高端产品，具备自身高度的完整性。需要注意的是，模块建筑采用装配技术，属于装配式建筑，但装配式建筑并不一定采用模块建筑方式。

5．部件

部件是在工厂或现场预制生产完成，构成建筑结构体系的结构构件及其他构件的统称（图2-3）。

图2-2　模块建筑

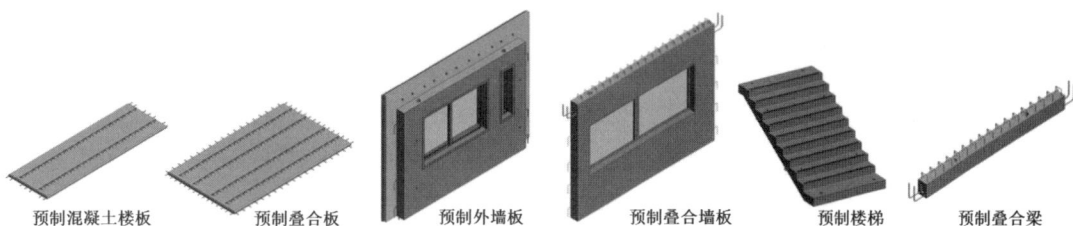

预制混凝土楼板　　预制叠合板　　预制外墙板　　预制叠合墙板　　预制楼梯　　预制叠合梁

图2-3　装配式混凝土结构典型部件

15

6．部品

部品是由工厂预制生产的，构成外围护体系、设备与管线体系、内装体系的建筑单一产品或复合功能单元产品的统称（图2-4）。

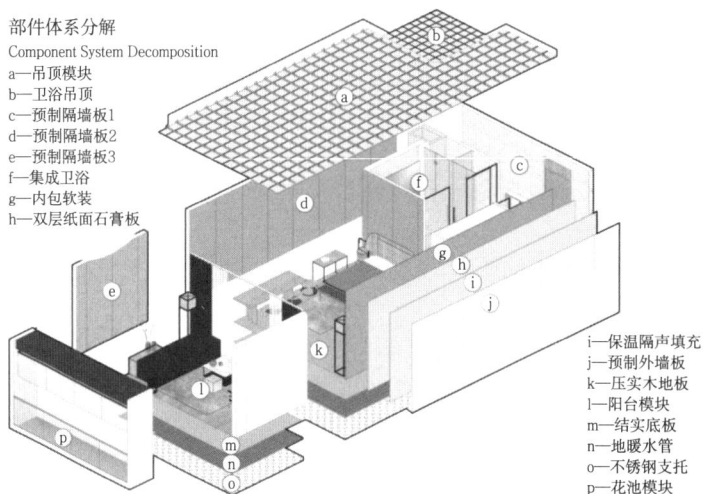

部件体系分解
Component System Decomposition
a—吊顶模块
b—卫浴吊顶
c—预制隔墙板1
d—预制隔墙板2
e—预制隔墙板3
f—集成卫浴
g—内包软装
h—双层纸面石膏板

i—保温隔声填充
j—预制外墙板
k—压实木地板
l—阳台模块
m—结实底板
n—地暖水管
o—不锈钢支托
p—花池模块

图2-4 酒店客房单元典型内装部品

2.2 装配式建筑的设计流程

1．从设计与建造分离到设计与建造并行模式

建筑项目开发全过程主要包含项目策划立项、建筑设计和施工建造三个部分，三个板块的工作分别由业主、设计单位、承建商三方负责，因此建筑师对项目全局的控制只能停留在图纸设计中。这种按顺序的串行运作方式带来了宏观层面设计与建造分离的状态（图2-5）。同时，传统建筑设计的设计阶段也划分为方案设计、初步设计、施工图设计这样的三阶段设计模式，各个阶段之间相互独立，按顺序完成上一任务后再进入下一环节。因此，从方案设计人员完成概念设计到成熟方案的过程，经历了功能空间与造型设计的反复修改推敲，到定稿后交由施工图设计团队开始对结构、水电设备、材料选择、细部构造等方面进行全面设计，直至施工图成图审核后交给承建商进行施工建造。在这种按顺序的串行设计模式中，各环节彼此分离，方案设计、施工图设计和施工建造大多基于本阶段的需求和任务，人员沟通有限及协同设计的缺失导致较多问题和冲突，常常形成"设计—施工冲突—设计修改—重新施工"的反复循环，带来工期拉长、预算超额和质量难以保证等一系列问题。而装配式建筑以工业化生产和建造为基础，以建筑产品为最终输

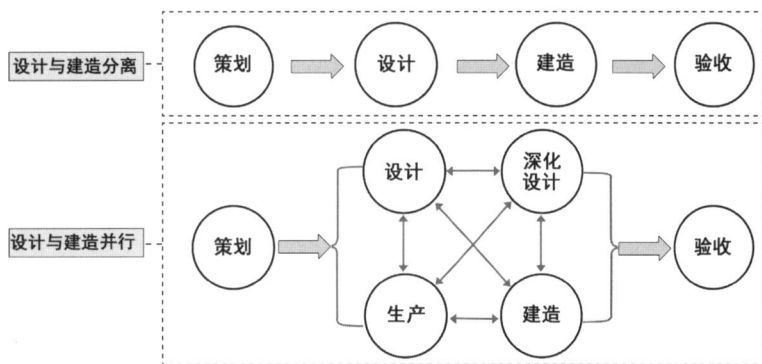

图2-5 设计与建造关系

出形态，因此装配式建筑从设计思路到建造流程都不同于传统建筑。借助互联网的普遍应用和制造业的飞速发展，装配式建筑在宏观层面需要实行设计与建造并行的一体化模式，以实现高质量成品交付的建筑产品（图2-5）。设计与建造并行化的模式要求各阶段都要与合作方实现信息的互联互通，并通过一定的组织方式和技术手段，例如BIM技术，保证建筑信息从策划、设计、施工、维护等全生命周期的过程交互共享，最大限度地达成各阶段任务的最优效果。

2．设计流程比较

传统建筑设计常常采用三阶段流程：设计前期（调研、策划），设计阶段（方案设计、初步设计、施工图设计），设计配合阶段。装配式建筑由于其设计建造并行的一体化优势，故在设计阶段需要并行"技术策划"环节，即建造与设计衔接的技术性工作，包含建筑设计策划、材料选择策划、施工安装策划、生产运输策划、运营维护策划等。在设计阶段加入技术策划工作，可以减少后续建造过程中的冲突，提高施工效率，保证建设质量。同时，为了衔接构配件的工厂生产，在设计阶段后期还需增加"深化设计"环节，包含装配式部品、部件设计，设备家具集成设计等。深化设计是装配式建筑特有的具有高度工业化特征的一个设计环节，该阶段与工厂生产环节紧密联系，是外围护体系、内装体系、设备与管线体系与建筑空间设计之间共同协同的综合过程（图2-6）。例如，在深化设计的部品、部件加工图中需要标注设备管线、连接节点等预埋预留点位，以便工厂根据加工图进行部品、部件的批量生产。

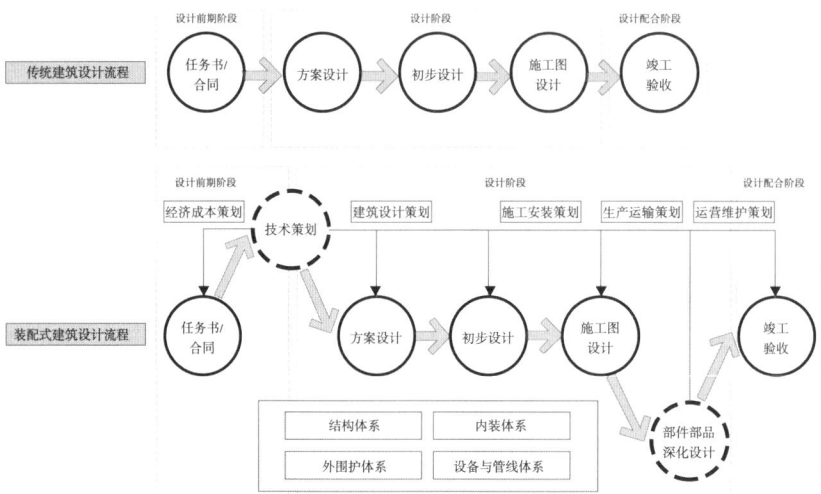

图2-6 装配式建筑与传统建筑设计流程比较

3. 作为建筑产品的设计流程

1）用户需求的采集与分析

建筑设计以人为本，传统建筑师在培养与执业的过程中需要学习大量与人的需求相关的基础理论（如人体工程学，环境心理学、行为学等）。这里所讲的用户需求，除以上传统理论外，更多的是如何从市场需求与客户群的角度去了解市场需求。与大多数大型商品类似，建筑设计也可以从产品适用性、产品质量、产品性价比这三个方面，去获取、分析、提炼用户需求（图2-7）。

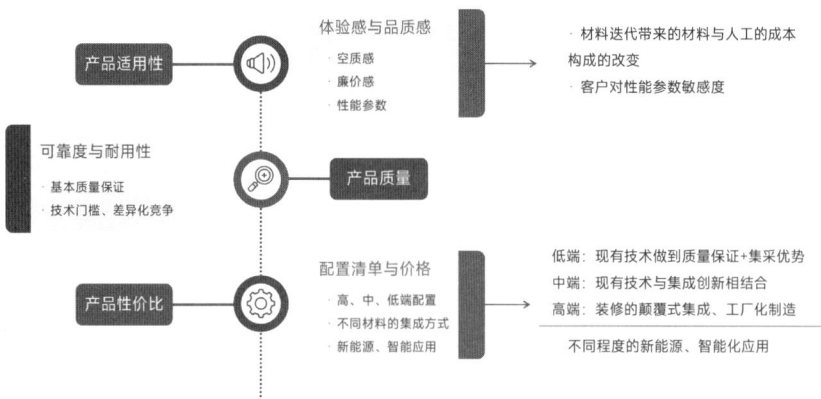

图2-7 用户需求的采集与分析

2）产品化的设计流程

理想状态下，产品化的设计流程包括装配式企业从客户前端获取需求到产品设计、优化成型的设计全过程运行环节。首先，销售人员直接对接客户，通过市场调研、面对面交流等方式获取客户需求，传递给建筑工程师；然后，建筑师按初步需求设计出建筑方案，通过销售对接客户反馈修改，这个过程可能多次反复，以形成确定的建筑方案；接着，结构及其他相关技术专业加入设计，完成初步设计成果；此后，成果会传递到建造安装部门和生产工艺部门，进行生产与建造合理性的检验和优化，再交由造价工程师进行全过程的成本计算；最后，完成的产品设计由销售人员与客户对接，反馈修改意见，完成定型产品设计。如图2-8所示的数字，表达了理想化的流程顺序。

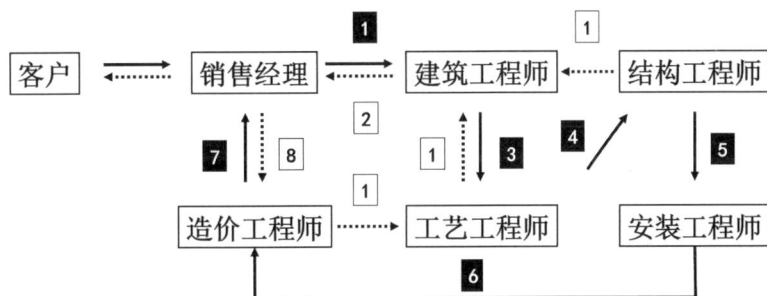

图2-8　理想化的建筑产品设计流程

理论上讲，这是科学合理的流程。但现实情况很可能是，流程走到中途，客户的需求变化或取消，从而造成无效的工作。这并不是客户的问题，毕竟很难有实际需求能够等待走完漫长的设计流程，产品的研发周期应该由装配式建筑企业来承担，而不是客户和市场。因此，企业希望快速回应客户需求，就必须要有自己的核心产品，这就是企业自主研发的"标准化产品销售模式"（详见第3章第3.2节）。

3）建筑师面临的新挑战

建筑师如何完成建筑创作与设计的"可制造性""可生产性"？面向产品设计的装配式企业，对建筑师的需求更多的是"全才"而非"专才"。也就是说，企业迫切需要能把控建筑产品全过程的"技术总负责"，其既能从宏观上控制产品的发展方向、提出创造性的设计成果，又能在客户需求、产品设计、生产工艺、销售宣传、建造实施、后期运维等各个环节实时解决具体的矛盾与问题。这就对传统建筑师提出了新的挑战。

（1）挑战一：知识体系的拓展

如图2-9所示，第一行是传统建筑师需要具备的知识体系，这在我国注册建筑师职业资格考试中有着明确的规定。而在装配式建筑模式下，建筑师还需要加上第二行所示的知识内容，其中，制造工艺、物流运输、供应链整合等都是装配式建造的关键问题，往往决定了产品设计的成立与否，而这些

建筑 功能、形态、空间	结构 选型、柱网	设备 水、电、气	施工 施工设计、现场服务

市场调研　建筑设计　技术创新　制造工艺　物流运输　施工　供应链整合

图2-9　建筑师的知识体系拓展

方面的知识甚至是常识，都是当前建筑师非常缺乏、亟待补充的。

（2）挑战二：能发现并抓住关键问题

现代装配式建筑的构成系统越来越复杂，且各环节相互关联制约。面对复杂的体系和大量现实问题，需要建筑师以敏锐的专业洞察力，把控核心目标并抓住关键问题：以模数思维为基础，以集成设计为手段，创造性地设计、优化标准化建筑产品（图2-10）。

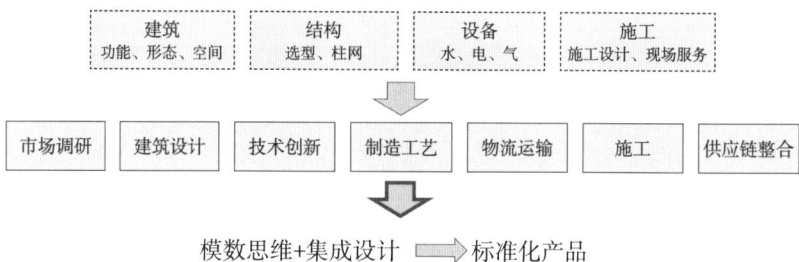

模数思维+集成设计 ⟹ 标准化产品

图2-10　复杂知识体系中的关键问题

（3）挑战三：整合设计能力

在我国现阶段装配式建筑的发展中，建筑师的角色和作用相对较弱，这可能会造成装配式建筑发展被结构、材料、技术、成本等因素所控制，而这些客观因素的迭代规律，必然导向"更强、更快、更高"等以效率为指标的发展方向，同时建筑的人文属性会越来越弱，以致建筑产品与市场需求的融合难以推进……这样的矛盾已经成为阻碍装配式建筑发展的瓶颈。

我们知道，在建筑的项目规划设计、工程实施推进中，建筑设计是"龙头"，发挥着统筹和控制作用。尤其对于装配式建筑，由于生产与建造异地实现的特点，更容易产生各工种、各环节的分散式发展。在实际中，也的确存在材料、结构、设备等分头研发，产品互不兼容的情况，以致最后难以整合为完整的、满足多样化需求的建筑产品。因此，目前我国的装配式建筑发展，特别需要建筑师在全过程进行整合设计，从而把控目标、统帅全局。

1．装配式建筑的系统集成

装配式建筑是以建筑工业化生产方式为基础，统筹策划、设计、生产、施工和运营维护等全生命周期，协同建筑、结构、设备、装修等全专业，实现建筑结构系统、外围护系统、设备管线系统、内装系统的整体技术集成。装配式建筑不等于工厂生产与现场组装的简单相加，采用传统的设计、施工和管理模式进行装配化建造并不能真正实现装配式建筑，更无法发挥装配式建筑的效率和资源优势。新型装配式建筑具有完整的建筑系统集成体系，是基于建筑部件、部品的系统集成，从而实现完备的建筑功能。建筑师要掌握装配式建筑的话语权，就必须从全生命周期的层面进行统筹考虑，以建成的产品质量为目标，主动去主导和推动系统集成。

装配式建筑系统集成的方法如下。

（1）提倡全装修，即内装系统与结构系统、外围护系统、设备与管线系统进行一体化集成设计与建造。

（2）提倡主体结构与管线分离，方便建筑全生命周期的使用和维护，提升建筑品质。

（3）强调全专业一体化协同设计，加强各专业间的衔接，发挥建筑专业的统筹作用。

（4）有效地运用建筑信息模型BIM技术，实现项目全过程的信息化管理。

2．装配式建筑的构成体系

组成装配式建筑的基本体系主要有四个：结构体系、外围护体系、设备与管线体系和内装体系（图2-11）。装配式建筑对结构、外围护、设备与管线、内装各体系进行专业协同，实现各体系间的最优化组合，以达到效率和效益的最大化，形成完善的建筑有机整体。

（1）结构体系

结构体系是装配式建筑的骨架，按照材料和形式可以分为装配式混凝土框架结构、装配式混凝土剪力墙结构、装配式混凝土框—剪结构、装配式钢结构、装配式木结构及钢—混凝土或钢—木混合结构等。

（2）外围护体系

外围护体系包括屋面系统、外墙系统、外门窗系统等，是用于分隔建筑室内外环境的部件、部品的总和。其中，外墙系统是最为重要的。外墙系统

装配式建筑

结构体系　　外围护体系　　设备与管线体系　　内装体系

装配式混凝土结构　装配式钢结构　装配式木结构　屋面系统　**外墙系统**　外门窗系统　给水排水系统　电气系统　暖通空调系统　**集成化部品系统**　**模块化部品系统**　内装门窗系统　内装管线系统

装配式混凝土框架结构　装配式混凝土剪力墙结构　装配式混凝土框—剪结构　预制混凝土外挂墙板系统　轻质式混凝土墙板系统　骨架外墙板系统　幕墙系统　装配式墙面与隔墙系统　装配式吊顶系统　装配式楼地面系统　收纳系统　整体卫浴系统　集成厨房系统

装配式建筑通用体系的四大系统

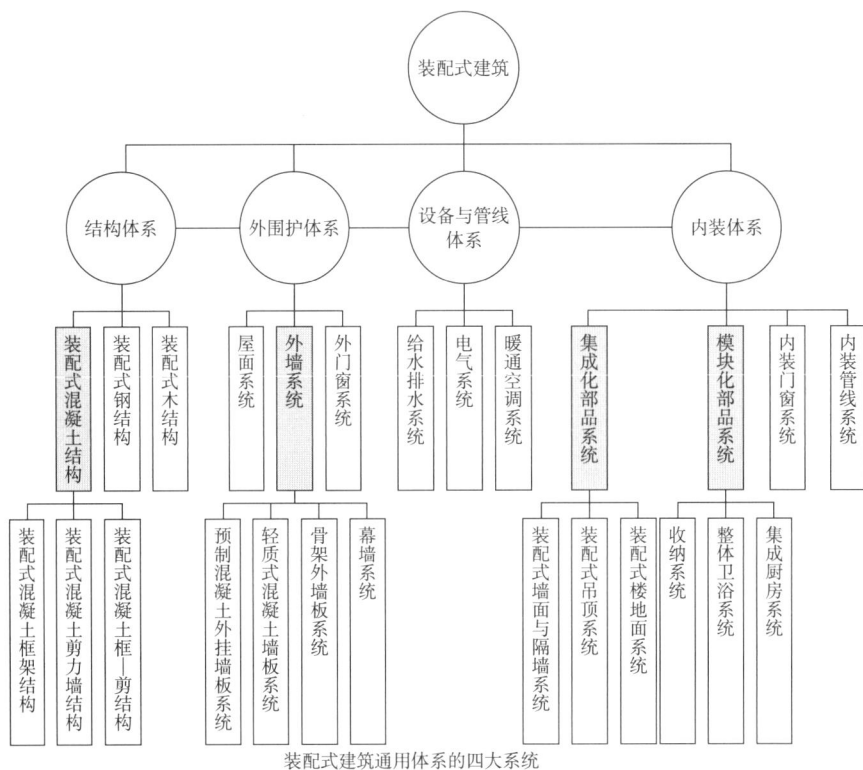

图2-11　装配式建筑基本构成体系

按照构造又可分为预制混凝土外挂墙板系统、轻质式混凝土墙板系统、骨架外墙板系统和幕墙系统等。

（3）设备与管线体系

设备与管线体系主要由给水排水系统、电气系统、智能化、暖通空调系统、燃气等设备与管线组合而成，以满足建筑使用功能的整体系统。

（4）内装体系

内装体系包含集成化部品系统、模块化部品系统、内装门窗系统、内装管线系统。其中，集成化部品系统包含装配式墙面与隔墙系统、装配式吊顶系统、装配式楼地面系统；模块化部品系统包含收纳系统、整体卫浴系统、集成厨房系统等。内装体系应同设备与管线体系集成，同时实现套内管线与结构体系分离，以保证在后期的管线维护改造中可以不用破坏主体结构，使建筑装修能根据需求升级改造。

本章回顾

从广义认知范围来看，装配式建筑有系列相关术语，通过对比学习更能理解其具体含义。装配式建筑是以现代工业化生产和建造方式为基础的，因此它从设计模式到设计流程都与传统建筑有很大差别，在设计模式上体现为设计与建造并行的一体化模式，在设计流程上则增加了技术策划和部品、部件深化设计环节。装配式建筑基本构成体系有结构体系、外围护体系、设备与管线体系和内装体系。装配式建筑通过专业协同实现一体化的建筑系统集成，集成设计更能提升建筑品质，发挥效率优势。

思考题与练习题

1. 装配式建筑与工业化建筑、模块建筑之间有何关联与差别？
2. 设计与建造并行的模式有哪些优势？
3. 装配式建筑的设计流程与传统建筑设计有什么不同？为什么会产生这些不同？
4. 建筑师怎样有效获取和提炼用户需求，并把它融入设计创作中？
5. 你认为建筑设计产品化的关键问题在哪里？
6. 装配式建筑的基本构成体系有哪些？装配式建筑可以通过哪些方法实现系统集成？

第
3
章

产业化背景下的建筑设计转变

【本章导读】装配式建筑设计的时代背景，是工业化带来的建筑业产业化。产业化将建筑设计成果的实施分解为更大范围预制构件的工厂制造，以及更高效的现场装配实施。装配式建筑的设计，要求建筑师从面向现场的设计分解出面向工厂生产的设计，并做出具备集成效率的安装预见性设计。这就带来了产品设计的新形态，以及建筑师职业内容的转型。

3.1 装配式建筑的产品设计需求

建筑行业的产业化发展，意味着建筑作为特定生产物的生产方式的变革。理解这场变革的发展需求，理解因此而带来的建筑设计的影响，首先要对建筑的产业化、工业化和装配式等概念间的关联，以及它们在建筑行业中的作用，有明晰的认知。在这一场变革中，建筑师的工作任务和评价体系，从传统的、基于工程技术知识体系的美学、社会学领域，指向了原本作为基础体系的工程技术领域的统筹预期。

1. 建筑产业化的前提是建筑工业化

建筑的产业化和工业化是相辅相成的。工业化发展带来的生产分工是建筑产业生产方式变革的前提。产业化通过整合产业链资源，实现各环节的协同化和标准化，为工业化生产提供保障。可以说，工业化是产业化的基础和重要实现手段，通过工厂化生产、模块化组装等方式，推动建筑行业向高效、节能、环保的方向发展。

建筑产业化的重点是产业链资源的整合，装配式建筑的重点是具备标准化、模块化、预制化等特点的产品。产品的设计与建筑作为整体空间使用对象的设计，在设计对象的尺度、体系关系、技术复杂性上，具有很大的差异。下面列举几个不同使用程度的产品实例，来说明产品的尺度与复杂性在设计上的差异。

如图3-1所示为建筑外墙窗套。其作为预制产品，可以是不同结构形式、不同建造模式下的小尺度采购对象，预制产品与整体建筑实施的关系，可以根据工序情况灵活选择，如同传统砖混结构中木门窗的"先立口"或"后塞口"。在这里，窗套、遮阳与建筑门窗、楼梯栏杆、预制楼板等，仍然可以只是一般性的产品，由工厂按市场化的多元竞争实现预制生产。

如图3-2所示为高层建筑外墙，其采用模块化的立面划分。这些立面单元作为工厂化生产的"产品"，可以用在不同结构体系、不同建筑高度、不同气候特征的建筑外立面，甚至可以作为建筑内部的分隔。图3-2所展示的连接构成方式，在同一栋建筑上体现了外表皮的完整拼接和变化。标准化的

图3-1 灵活的外围护部品

图3-2 模块化的高层建筑立面构成

图3-3 外墙模块在大面积开窗时的立面构成

产品，在不同建筑外表皮的图案构成可以不同，可以设计为不同风格和搭接逻辑的立面构成，如图3-3所示。产品的模块设计和"生产线"，是支持设计变化可能性的基础。

如图3-4所示的建筑外墙造型模块，用大小、方向的选择组合，配合了建筑内部的色彩，形成外立面丰富的变化——模块的产品类型仅是有限的几种，但其与建筑结构连接的方式是较为通用的骨架基层方式，排列组合的限定非常小，从而带来更多的适用场景可能。如图3-5（c）所示的建筑外观上，阳台也是类似于图3-1的有限部品组合，除了阳台，从建筑外观可以明

图3-4　单一模块构成的复杂外墙肌理

（a）

（c）

（b）

图3-5　模块与色彩的外墙组合
（a）阳台模块；（b）阳台部品与外墙部品间的缝隙；（c）阳台与外墙的模块与色彩组合

显看出阳台、门窗与建筑外墙是一个完整的产品工艺体系。

　　建筑中向市场采购的工业化产品是独立的、可自由选择的商品，还是已成为一个完整的闭合体系，这对于设计和实施有不同的要求。前者一般是基于近当代的结构材料和施工技术，对工厂预制的"产品"根据模数协调和构造设计提供相对开放的市场选择；后者则是将建筑作为更大尺度的产品对象，建筑产品是一个相对闭合的技术体系，对设计、产品运输、组合安装有更高的协同要

图3-6　外墙采用元件式幕墙的复杂现场

图3-7　外墙采用单元式模块的外观变化

求，并且在建造施工环节更需要服从产品自身的要求。例如当前市场上存在的全屋定制产品，就可以视为后一类。装配式建筑中反复强调的"装配率"，指向的也是建筑设计的对象在实施阶段的预制化、精准化和高效。

精准化和高效的差异，可以用高层建筑外墙产品中的元件式玻璃幕墙和单元式外墙模块进行对照（图3-6、图3-7）。同样没有现场的湿作业，同样都采购工厂预制的产品，两者最主要的区别就在于现场的实施过程。元件式玻璃幕墙的骨架在现场有更多的调差余地，但现场实施的效率相对较低；单元式外墙模块对土建施工的精度要求较高，现场吊装安装的效率较高。单元式模块不仅将墙板的制作全部在工厂实施，提供合格的产品，而且大大提高了土建实施环节的配合要求。目前在高层建筑中外幕墙优先采用单元式外墙，其性能品质可控、高空建造实施的效率高和安全是主要的原因。

因此，装配式建筑追求的效率，就是工业化产品在产业链整合背景下的产品设计带来的品质效率。

2．装配式建筑设计被市场接受的背景是均衡、适度的产业化

追求效率的装配式建筑是工业化建筑的一种重要形式，也是建筑产业化的重要实现途径。工业化产品的设计，要服从于产业链的发展需求。如果建筑师的空间产品仍然停留在向市场采购各自独立的、可自由选择的商品，则多样化产品的系统协同难度就会加大。

建筑工业化与装配式是密切相关的。工业化建筑的核心在于构配件的工厂化生产和现场组装，而装配式建筑正是通过预制构配件、模块化组装等方式对设计的介入，才能实现高效、节能、环保的建筑目标。而市场选择的前提，是成本的可控，是更加灵活、多样、具备规模效应的建筑产品。

在成本控制中，建筑师对于个性化设计的实现，需要市场有多元化的产品选择。以图3-8为例，选择模块化产品首先要基于市场提供的产品可能性。一方面，这些产品本身需要满足艺术、审美的需求，这样才能在产品市场上

图3-8　模块化产品在建筑中的运用

获得发展优势。在没有解决美学基本需求的前提下，对装配式模块化部品、部件的推进，客观上存在市场风险。另一方面，在没有解决建筑细部设计品质的前提下，贸然推进以规模为目标的产业化，也存在建筑完成度的风险。

　　如图3-9所示的建筑外墙细节，是来自不同国家的外墙面防护措施。各种样式的外窗披水板，可以保护外墙面不受雨水夹带积尘的影响。这些丰富多样的细部防护措施，是建筑细部实施中的基本要求。图3-10所示为建筑外墙在顶部不同细部处理方式的结果，积尘和渗水对墙面的污染会影响建筑的外观效果。而外墙防护中对于饰面保护起到很大作用的披水板，目前尚未在建筑中得到普遍性的产品运用。缺乏量化需求的产品，由于定制成本的增加，可能在实施过程中被放弃。同时这也意味着，如果整合部品设计，形成模块化的外墙板，则在材质选择、门窗组合构造上，有可能因为对于既有工程经验的沿袭而忽略产品设计中的细节问题。而对这些问题的关注度，影响

图3-9 丰富的各种成型化披水板构件

图3-10 外墙顶部细部处理带来的效果差异

到建设完成使用的最终成效。产业化的产品导向，是工程建设发展的阶段性特点的客观反映。

产业化作为建筑行业的发展背景，其与建筑师的关联，在很长一段时期的建筑教育中并未得到充分的强调。或者说，"产业"这个概念，在专业设计教育中，更多的是停留在以砖混为契机的近代大量建造的简单工程技术阶段，在专业知识体系中体现为相对稳定、单一的技术背景。而当代装配式建筑的发展需求，将产业化前置为发展需要服务的对象和基础。当代的建筑设计，需要主动为产业化服务。

1．预制装配从施工的选择到设计的选择

图3-11　预制装配式楼梯梯段板

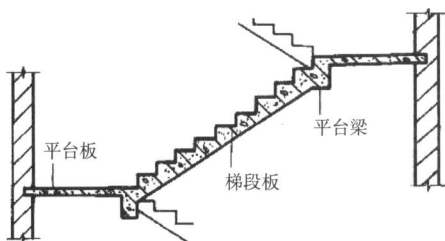

图3-12　现浇整体式楼梯

产业化带来的分工，既有建筑师、结构师、设备工程师的分工，也有设计阶段与施工实施阶段的明确分工。预制构件在建筑领域是长期存在的，在近现代以来主要是以模数和构件产品方式开展工厂化生产。例如钢筋混凝土的楼梯，在建造施工方式上，常见的有预制装配式（图3-11）和现浇整体式（图3-12）两种。从图3-12中现浇整体式的楼梯断面图示中可以明确，不同构件是整体浇筑实施的。而图3-11的板式梯段在过去的建设中曾经大量使用，其也是当前的PC装配式部品。在我国过去很多年的项目建设中，是采用预制装配还是选择现浇方式，更多考虑的是现场施工技术的可行性，以及综合经济性——现浇方式的模板损耗加大了建筑成本，故一般情况下预制方式优先；如果建设工地附近有预制构件厂，则预制方式优先，反之则需要考虑运输成本；在偏远的山地农村，预制构件的运输成本可能高过模板成本，就近采购钢筋混凝土材料可能更经济，则现浇方式优先；及至近年来，在乡村的各种"土法"脱模技术（图3-13）实现了模板的重复出租使用，故现浇方式的优势又逐渐突出。中国在20世纪的建设项目中，在建筑师的技术选择里，混凝土主要体现为材料属性，施工方式主要是结构专业或者施工者的选择，与设计的关联不大，特别是与建筑设计的关联不大。

当代装配式建筑的发展需求，对产业化的分工提出了更明确的流程整合要求，可以视为从装配式产品到装配式一体化建筑的改变。前者对于工程人员并不陌生，例如成品门窗、预制板等建材产品在数十年来工程实践中的"选用"，以及为了选用的可行性带来的模数协调原则。后者与前者的不同之

图3-13　乡村建设中现浇楼板的"土法"脱模

处可以理解为，前者在更大程度上是"通用"基础上的多样性市场发展的协同，而后者则通过装配率的标准，将预制产品在特定建造尺度甚至是特定建造对象上进行"专用"的集成。

这里的"通用"和"专用"的概念，与工业化体系中两大体系的概念不同。在工业化体系里，"通用"和"专用"的体系都是指向产品本身的市场互换性。而这里的"专用"，强调的是对特定建造任务的高效集成，它不是限于单一可重复的产品本身，而是建筑体自身在最终建设效率上的集成。"专用"不仅仅是单一工业化产品的设计、制作、购买、安装问题，而是更大项目尺度下的设计—建造的统筹设计。这不仅仅是空间的美学、社会学问题，还必须引入技术要素。这使得设计与实施技术在装配式建筑里成为密切相关的基础。如图3-14所示为两个不同建筑的楼梯细节，其中图3-14（a）的梯段与周边构件的连接是一般性的工程处理，不论梯段是预制还是现浇的方式，梯段与周边的连接都较为随意；而图3-14（b）的梯段与周边的连接则是针对细节完成度的精细化设计。图3-15所示是慕尼黑宝马总部外围环境的预制踏步板，梯段在与建筑环境的连接上体现了与建筑一体化的精细化设计要求。

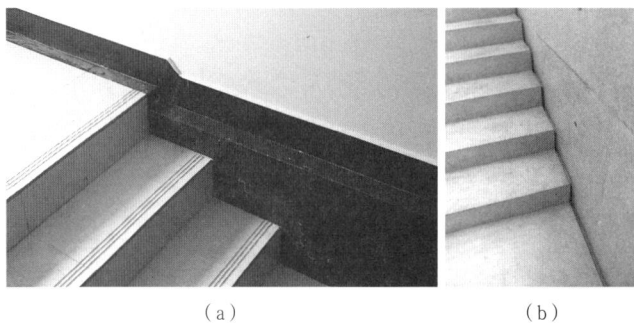

（a） （b）

图3-14 梯段与墙面的实施细节差异

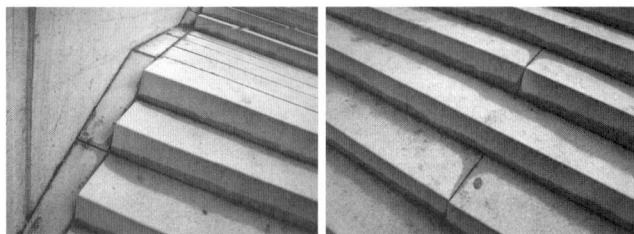

图3-15 慕尼黑宝马总部外围环境的预制踏步

装配式建筑对预制装配的选择，已从施工过程中预制构件采购的选择，转为设计中对于预制构件的体系化设计的选择。如图3-16所示的建筑外墙，在建筑的平面设计中，其与墙板性能、墙板类型划分、连接构造等都密切相关。当然，这也使得建筑设计的过程及专业团队内的分工，在具体实施前成为更复杂、更指向实施完成度的设计体系。

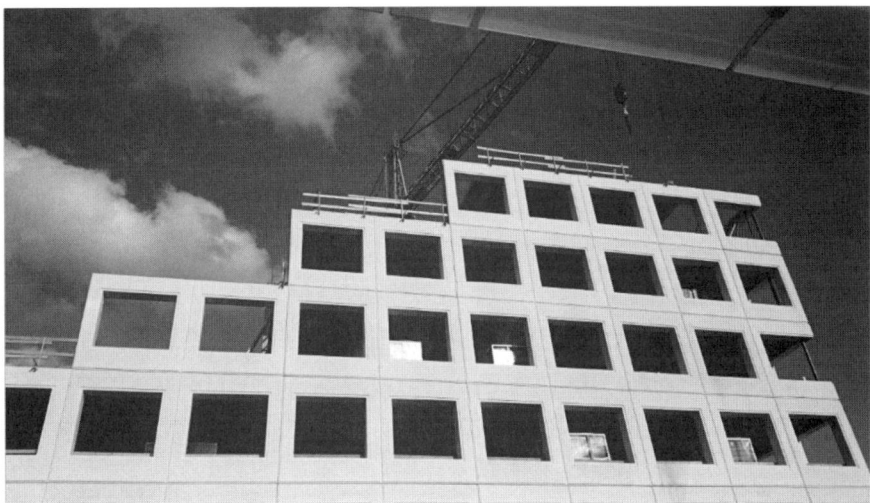

图3-16　装配式建筑外墙

2．建筑师行业角色的转型

精细化的设计，一方面建立在媒介技术、材料技术、施工技术、环境控制技术等多方面对建筑设计方法的革新基础上，另一方面则要求不同专业、不同技术、不同项目阶段的统筹，这也是技术与空间需求更为高效的集成发展趋势。

这就使得建筑师原有的专业角色产生了变化。在过去几十年里，建筑师作为建筑项目设计的"龙头"专业，在转型后的建筑行业里，作用会发生哪些变化？建筑设计一直以来都是团队的协同工作，包括专业内的协同和不同专业的协同。我国注册建筑师制度始于1995年国务院颁布的《中华人民共和国注册建筑师条例》。注册建筑师的考试内容，除了针对空间功能组织与表达能力的考核，还有对结构、设备等不同专业的基本考核。产业化发展给建筑师带来了专业协同的拓展要求，对于项目的多专业协同工作，仍然是建筑师的责任。尽管建造环节成了建设项目中举足轻重的内容，建筑师仍然改变不了作为项目负责人的设计协同身份。在精细化的产业链发展中，建筑师需要面对多重角色的专业内再分工。

（1）产品设计师

市场是行业发展的重要检验标准。装配式建筑的发展背景之一，是劳动力市场的改变。劳动力的成本与人口有较大关联，因此装配式建筑在欧洲得到了很多政府的政策推广。例如2013年最早提出"工业4.0"战略的德国政府，鼓励制造业向数字化和智能化转型。但欧洲国家对装配式建筑并不都采取强制推广政策，而是注重市场的自然发展，并通过市场机制的调节，推动装配式建筑逐步得到普及。装配式建造的产品化，也意味着产品规模需求的产业化，以及前端产品生产的企业化。产品化思维与企业化发展在当前建筑设计领域存在产品设计介入的不足。一是在部品方面，需要具有创意的新产品；二是需要提升部品设计在标准化基础上的多元化。产品设计的创新，是推动装配式建筑发展的市场基础。

不论构配件生产，还是追求集成度的产品生产，市场产品的设计都需要建筑师基于应用场景经验的介入。

地域建筑风貌的形成，有历史时期交通不便带来的取材、加工方式的地域特征积累。新的地域建造，在取材上受限于远途交通和周边材料的可获得性。在样式和成本的综合估算背景下，网络上可以获得的模具、周边便可以购买的预制品，推进了当代的乡村风貌改变。但在这种改变的市场基础上，对当代乡村文化需求的产品设计仍存在很大的不足（图3-17、图3-18）。例如，目前在网页搜索中输入"窗套"一词，可以搜索到很多欧式的产品，且窗套已经成为一种文化属性的部品，但是属于我国自己地域文化属性的"窗套"设计研究介入得还不够，地方小型企业较容易实现的是对其他文化的模仿。

部品的制作本身并不一定受到技术复杂性的限制，但设计介入不足使得其可以选择的样式较少，故产品的研发还有很大的提升空间。例如，在20世纪后期大量运用的混凝土花格，其本身具有模块属性和组合的肌理，但是属于块材墙的施工模式效率较低。如果在产品环节考虑较大尺度的组合且形成整体部品，则可以有更为丰富的表皮肌理，并以整体构件改变原有的实施效率问题（图3-19）。

图3-17　乡村企业的预制构件模具堆场及在附近建设中的使用

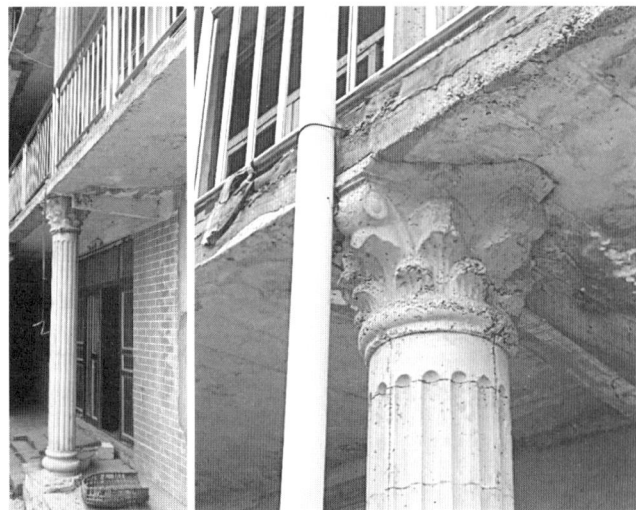

图3-18　乡村建设中使用网购模板修建的欧式立柱

（2）工艺设计师

在装配式建筑的产品安装实施环节，生产效率受到各节点实施的匹配度影响。在建筑设计领域，"构造设计"和"细部设计"分别解决不同层级的问题：前者是工程做法的具体阐释，后者是材料与细部的美学呈现。细部设计需要借助构造设计的技术逻辑表达自身。

在装配式建筑中，集成度对于

（a）

（b）

图3-19　混凝土花格的设计运用
（a）不同的混凝土花格构件；（b）混凝土花格的建筑表皮肌理

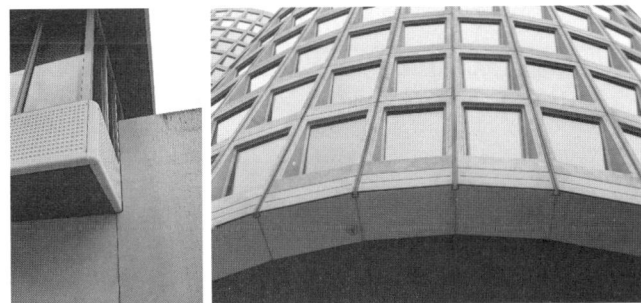

图3-20　装配式建筑的外墙构件连接细部

"节点"有美学表达的要求，而非单纯的、基于安全和经济性的技术实现。如图3-20所示的外墙，不同构件的拼接方式直观展示在外立面的细节构成中。装配式建筑具备较高的完成度要求，故建筑师对于集成度要求下的节点设计，在结构、材料等一般性专业协同工作的基础上，可能还需要面对机械、施工操作等知识、工作方法上的把握。装配率的追求、预制构件间的协同，都要求建筑师具备建造工艺的协同能力，或者可以针对具体问题，以设计实现的完成度为目的，开展具体的工艺设计。工艺设计是基于建筑的项目设计，但需要协同的专业内容并不限于常规的土建类专业。

（3）集成设计的建筑师

与装配率对应的是建造的集成度。装配式实施所要求的特定的设计，是基于技术限制条件的建筑设计。装配式建筑的设计要求技术"集成设计"思维。产品设计师突出的市场目标是具体的部品产品，工艺设计师突出的市场目标是创造性的部品连接，两者均可以作为产业链中"生产线"上具体的质量控制"点"。集成设计的建筑师需要协同的专业内容是完整建筑物产品的全过程。

产品设计的建筑师可以成为企业的设计人员，工艺设计的建筑师可以在产品及施工企业成为岗位人员，而集成设计的建筑师承担的仍然是传统意义的设计行业的项目负责人责任。可以说，建筑师的身份在这三类角色转型里都服务了产业化需求，实现了专业内随着工业化发展的再次分工。集成设计的工作，仍然是完整意义的建筑师身份。

如图3-21所示为法国的巴勃罗·毕加索广场（Pablo Picasso Place）居住区。该项目于1985年建成，被冠以粗野主义、后现代主义等称谓。作为首批在建设上完全预制的重要项目之一，其体现了在混凝土中预制复杂建筑形状的可能性，并被列入国际土木工程遗产名录。这个项目不仅仅是在建筑外观

35

图3-21　预制构件的项目集成运用

和结构上采用预制件实现了复杂的混凝土形状，而且还包括了游乐场、景观设计的预制元素。

装配式建筑的建造实施要求系统、精准的技术协同。图3-22所示为一个装配式混凝土项目的实施工地。工地在原有土建设计的基础上，需要对产品的采购、预埋和建造工序，以及建造工序要求带来的现场管理进行深化设计。深化设计团队是驻场施工企业的建筑、结构、设备等全专业工程师，可根据实施工段分片深化和进行现场管理协同。随着产业化的发展，建筑项目的设计正在转型为全过程、全专业的集成设计。

图3-22 某装配式项目的实施工地

3.3 建筑产品化的发展模式

传统建筑设计把建筑作为工程艺术创作成果的独特作品来对待，设计成果是"一次性"的；而装配式建筑模式下，建筑师不仅要创作建筑作品，而且需要把作品转化为产品。建筑师需要具备设计产品的能力，这样的设计成果才能被多次重复地用于生产和建造。为作品加上产品属性，这就要求建筑师用"工业化"的方法来设计建筑"产品"。

这种"工业化"具备与制造业共同的特征，例如标准化设计、流水线生产、技术集成、设计与生产的一体化等，就是把制造业的生产管理方法"引进并应用"到建筑领域；不同的是，建筑产品必须兼顾建筑自身的多样性和部品件的标准性。建筑产品化设计的核心原则是"少规格、多组合"。少规格是指建筑的部品件在工厂中大批量生产，为形成生产的规模效益必须以标准化、模数化的方式来进行设计。同时，建筑必须满足不同功能的需求，满足人的情感、审美、文化需求，并回应地理和环境的复杂性限制，故建筑产品需要应对千差万别的实际需求，具备相应的弹性适应能力，因此需要多组合来实现多样化的建造方案。

1. 可借鉴的日本发展模式

通用建筑部品是成品商品，其原则上是由生产厂商根据自己的判断来进行生产和销售的。考察通用建筑部品在日本的发展过程，发现它并不是完全靠企业自己独立开发的，其中不少是因为企业拿到了大量订单，并以此为转机发展起来的。通用部品的开发成熟可借鉴的模式有以下3种。

（1）厂商研发型

由厂商独立研发的通用部品，是与建设项目分离的产品。厂商研发型通用部品的规格是由企业自己决定的，并由企业自主确定变更部品的规格，生产新的部品。部品越大、功能集成度越高，越倾向于订货后再生产，因此其出售方式往往依靠样本和样品进行市场开拓。这种订单生产模式可以在生产过程中为订货者提供产品的某些修正，以提高产品的市场适应性（图3-23）。也有从个体设计中产生的通用部品，例如为某特定建筑设计的部品，因其优良特性而被厂商推出为样本供市场选购，并在反复优化迭代中凝练为优良部品。

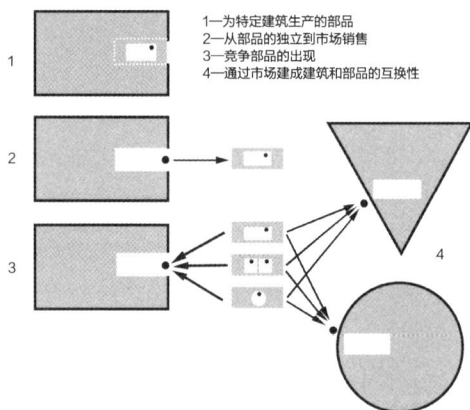

1—为特定建筑生产的部品
2—从部品的独立到市场销售
3—竞争部品的出现
4—通过市场建成建筑和部品的互换性

图3-23　通用部品的衍生方式

（2）政府扶持型

从公房标准设计中产生的KJ部品①，是专为日本公团②订货生产的部品，这些部品成为公团型的专用体系部品。此后，由于生产这些部品的厂家逐渐增加，而且部品开始应用于公团建造以外的住宅，继而逐渐在市场上出售，

① 1959年日本制定的公共住房KJ-Kokyo Jutaku规格部品认证制度，之后KJ部品得到广泛普及。
② 指公共团体，社会集体组织，是日本法中一种特殊法人。

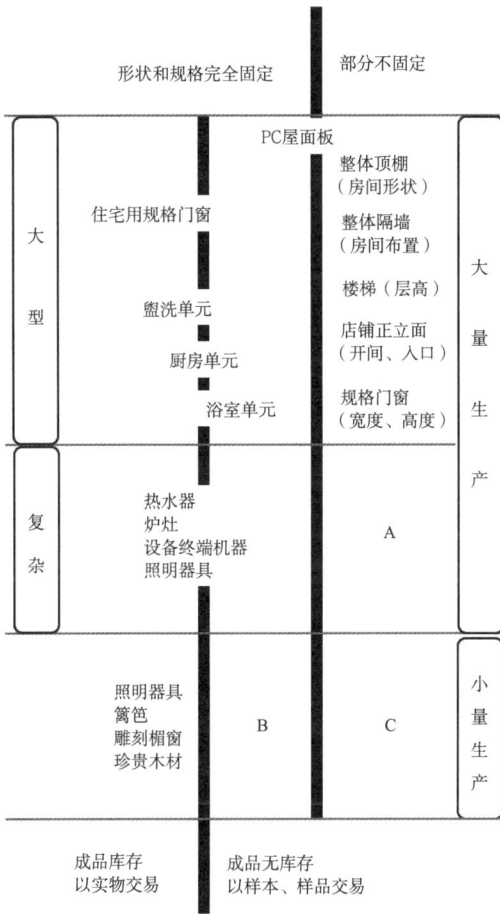

形状和规格完全固定　部分不固定

PC屋面板

整体顶棚（房间形状）
整体隔墙（房间布置）
楼梯（层高）
店铺正立面（开间、入口）
规格门窗（宽度、高度）

大型
住宅用规格门窗
盥洗单元
厨房单元
浴室单元

大量生产

复杂
热水器
炉灶
设备终端机器
照明器具

A

照明器具
篱笆
雕刻楣窗
珍贵木材

B　C

小量生产

成品库存
以实物交易

成品无库存
以样本、样品交易

A—想汽车那样批量化生产或高度体系化生产
B—无现货难以作为交易部分
C—定制部分

图3-24　政府大项目推动下的部品、部件分类发展

因此KJ部品超出了专用体系范围，逐渐发展为通用体系。随后，KJ部品不再限于公团、公营、公社住宅体系之间的互通使用，且具有价格便宜、质量稳定的优点，故在更大范围的建设中得到了广泛的应用。现在日本的通用部品很多是以大规模需求的专用体系为基础而产生的，而作为开发通用部品母体的专用体系，政府的扶持起到了主导作用（图3-24）。

（3）设计主导型

设计主导型通用部品是以建筑师的构想为基础开发的部品，其形成了设计—生产一贯制模式。一般来说，通用部品是由生产它的厂家设计的，通用体系是即使没有订货也进行生产，所以如果生产体制中不包括设计，就不可能自主地进行改良。而设计—生产一贯制模式可以将问题反映到设计中，这是通用设计的重要基础，从而可以做到生产合理化。建筑师做出与生产体制相适应的设计，有助于提高生产效率，也在技术开发中提升竞争优势。

和专用体系的成熟研发、定制不同，要使通用部品在市场上具备普适性，在开发和推广阶段有可能会积压经营资金而影响周转，带来研发阻力。为使得社会上需要的一些优秀的产品体系能在市场上推广，在初期阶段需要一些适度的资助，这种资助应该限制在过渡阶段，引导企业尽快进入市场的公平竞争，减少资助依赖，培育市场发展的自主能动性。通过市场化避免产品改进的局限，顺应甚至推动发展需求变化，真正唤起企业生产的积极性。

2．我国现阶段装配式建筑企业的发展路径

我国现阶段的装配式建筑发展与日本早期有相似的状况，装配式建筑企业也大多经历过以下三种路径：①以订单驱动的"定制化服务销售模式"；②以工程项目为支撑的"工程项目承包模式"；③企业自主研发的"标准化产品销售模式"。这三种路径各有其优缺点和相应的发展条件（图3-25）。

模式 \ 优缺点	优点	缺点
定制化服务销售模式	仅需具备基础的技术体系; 对客户需求的适应性较广; 新技术的应用较便捷	销售成本较高但签单率较低; 无法形成产品核心竞争力; 无法打造品牌、行业影响力
工程项目承包模式	批量业务直接支撑产品定制 与生产; 前期投入回报率高; 能利用政府、国企资源	依赖于政府资金; 易陷入低价中标的恶性竞争; 不具备产品深耕条件
标准化产品销售模式	技术投入直接转化为产品成果; 有助于技术研发的持续创新提高; 订单签订前后与执行阶段的成本 较低	营销投入与布局要求高; 研发投入较高; 产品迭代效率低

图3-25 我国现阶段装配式建筑的发展模式

本章回顾

在建筑产业化发展的背景下,产品设计不仅包含传统建筑产业的预制构配件,也包含房屋的整体设计。产品供给和市场选择带来的规模生产是装配式建筑市场推广及成本可控的重要基础。产品预制和装配式实施,意味着对产品的选择从设计阶段开始介入。从产品、工艺细部到整体建造实施,装配式建筑的内容及技术统筹要求设计进入更大范围的集成设计阶段。

思考题与练习题

1. 如何看待当前装配式建筑发展的产业化需求?你认为当前的装配式建筑发展存在哪些不足?

2. 建筑师、工程师、设计师等不同的称谓,在建筑的产业化链条中,分别可能承担怎样的角色?

3. 在装配式建筑的节点设计中,工艺设计可能涉及哪些专业?试举例说明。

4. 如何理解把建筑设计做成产品设计?

第 4 章

建筑师的空间和产品策略

【本章导读】装配式建筑的空间及部件、部品的骨架基础是不同的结构体系。结构技术的发展对建筑实现的可能有重要影响和推动。不同的结构形式，也兼具发展的历史性和当代的开放性。设计师不仅需要学习结构的体系知识，还需要理解结构体系、材料的变化，追求空间设计的创新性。产业化的市场发展中，通配性是开放的多元化设计的支撑。多元化的部品以通用的构造技术得到多种场景的运用，并能够对于装配式建筑的发展提供设计意义上的选用价值。

4.1

结构技术发展背景下的空间创造

1．传统与现代的并行

装配式建筑的空间及部件、部品的骨架基础是不同的结构体系。设计者可能认为在装配式建筑的推进发展中，结构形式仍然延续着"常规"形式，仅仅是建造实施的组织发生了改变。而建造实施的组织，对结构的体系关系提出了创新要求，这也是结构技术的发展。在装配式建筑中，对体系化的结构进行了可能的拆分，以满足模块化的趋势。同样的空间成果，是否采用装配式方法，会有不同的技术设计要求。

面对结构技术，设计师应保持开放的心态。不同的结构形式，也兼具历史性和当代的开放性。

木结构是我国传统建筑的典型类型。木结构建筑的构配件，在备料和建造组织方式上，都符合"预制装配"的要求。宋代李诫创作的《营造法式》中对"材"的标准界定，是基于礼制、规模等级的模数标准。山西应县的佛宫寺释迦塔（以下简称应县木塔），是世界上现存最高大、最古老的纯木结构楼阁式建筑。这座始建于1056年的接近70m高的木结构建筑，其主体材料为华北落叶松，斗栱使用榆木，木料用量多达上万立方米（图4-1）。整座木塔按照当代的设计图绘制方式和构配件拆分方式，仍然可以形成详尽的部件、部品库，可以提出标准化的预制要求和实施组织。但是，应县木塔和当代装配式建筑最大的区别，是当年的建设时长和不可复制的建设规模。传统的木结构建筑符合预制装配式的条件，却并不具备当代工业化批量生产的需求和背景。我国有大量的木结构传统民居，从历史时期的分散、独立建设需求，以及地域技术的限定，形成了丰富的装配式木结构的构配件体系，促成了传统建筑文化的丰富内涵。这些不同地域的木构民居，同样符合预制装配式建筑的特征，但不具备工业化的特征。

如图4-2所示为传统民居穿斗结构屋架的一个局部模型，可

图4-1 应县木塔

图4-2　穿斗木结构建筑模型构件

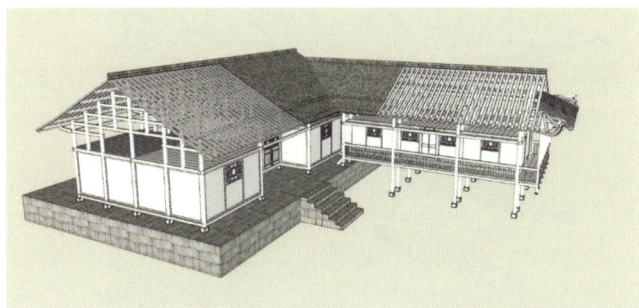

图4-3　渝东南土家族民居的典型样例

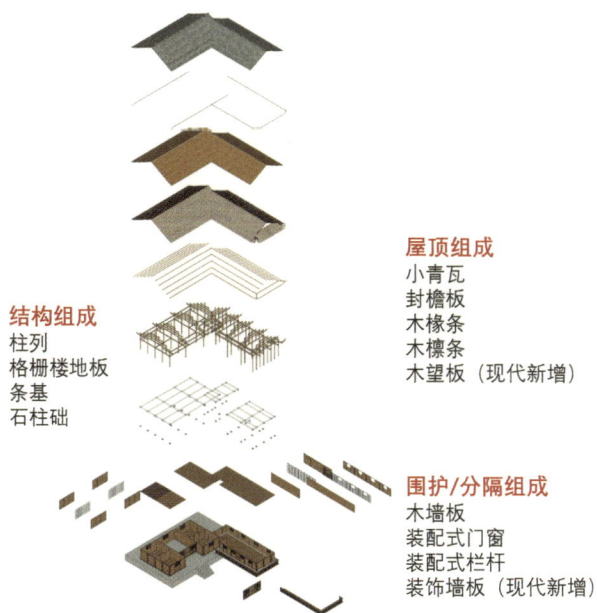

结构组成
柱列
格栅楼地板
条基
石柱础

屋顶组成
小青瓦
封檐板
木椽条
木檩条
木望板（现代新增）

围护/分隔组成
木墙板
装配式门窗
装配式栏杆
装饰墙板（现代新增）

图4-4　渝东南土族民居的部品间"拆分"

以体现构配件（部品、部件）的预制系列，以及干法施工的榫卯连接。图4-3所示是重庆大学土家族调研团队根据测绘、访谈提出的重庆市渝东南土家族民居的典型样例模型。按照当代装配式建筑的部品、部件拆分方式，可以对渝东南土家族民居进行"爆炸图"般"拆分"（图4-4）。可以看出，在逻辑上，中国的传统木结构具备装配式中"库"的性质。但是这个"库"的需求，不是为了追求工业化效率的可复制性，而是地方工匠技艺积累传承的可复制性。如果改用集成材的竹木结构或者采用钢结构来进行工业化生产，则其在产业化的意义上与传统建筑具有根本的不同，而这一方式正是基于地域建筑文化的当代设计。骨架结构体系所完成的空间，在产业化需求的背景下，设计的内容仍然面对延续建筑文化的需求，是传统与现代的并行。其中替代原木结构的集成竹材、集成木材，反映的不仅仅是结构形式的并行，也有结构材料其传统与现代的并行。

意大利建筑师皮埃尔·奈尔维设计的预制装配整体式实施的建筑，施工完成后的空间效果充分体现了构件的形态逻辑和模块组织。例如他设计的罗马小体育宫的室内顶棚，利用预制模块和现浇肋梁的组合，形成了类似于向日葵的细腻而富有韵律的图案，是建造技术与美学结合的优秀案例（图4-5），体现了对预制构件组合实施的"设计"。

图4-5　罗马小体育宫

2．结构形式的空间运用创新

　　建筑师对结构体系的学习，首先是基于知识的系统化，以形成设计的经验背景。但是，新结构技术的发展，需要设计师不仅仅是被动地接受装配式建造的新结构，应该学习并创新发展空间应用，以推动结构形式结合设计需求的发展。

　　结构的发展，一直推动着建筑空间和形态的发展。历史时期结构技术发展对建筑空间的推动，往往带来革命性突破，并提高内部空间展现度。例如古罗马券拱结构技术发展对公共建筑大空间的呈现，哥特教堂抗侧推的飞扶壁对教堂竖向空间的提升，拜占庭拱结构对空间形式的过渡衔接带来公共建筑空间形制的变化等。此外，高层建筑结构体系的发展也带来外观创新，如西尔斯大厦、香港中银大厦、芝加哥汉考克大厦、慕尼黑宝马中心等。

　　建筑师对结构（空间）形态的追求，与对建筑（空间）形态的追求是一致的。结构的逻辑与韵律，也是建筑师对大型空间的追求。特别是结构的韵

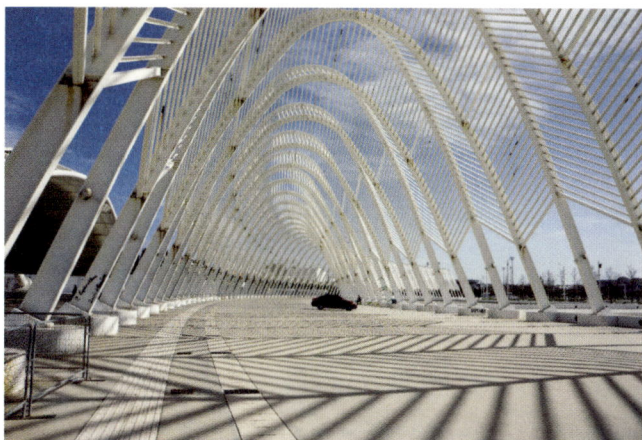

图4-6 卡拉特拉瓦的结构空间韵律

律，通过模块的重复是实现结构韵律简洁有效的方式。例如，西班牙建筑师圣地亚哥·卡拉特拉瓦就追求对结构的表达，并特别关注对于结构的学习。在他的建筑作品中，结构构件的韵律使空间具备了特别的场景个性（图4-6）。

建筑师除了发现结构的美，还需要挖掘结构的空间属性。以交错桁架结构体系为例。交错桁架结构体系是当代钢结构体系中一种新型的大跨度组合方式，其由美国的结构工程师威廉·麦苏瑞在20世纪60年代中后期提出。在20世纪60年代的美国，平板混凝土结构占据了高层住宅建筑市场，麻省理工学院受美国钢铁公司（USS）的委托，开发具有经济竞争力的钢框架结构。麦苏瑞作为负责主要研发工作的结构工程师，提出了一种新的结构布置方式：柱子平行布置在建筑外部，楼板搁置或悬挂在交错布置的桁架梁上，使得建筑内部在上、下楼板及左、右桁架之间，可以获得面宽近20m、进深超过20m的无柱空间。这是市场竞争主导下的技术研究结果。2000年左右，重庆大学周绪红教授首先将交错桁架的结构形式引入国内，从而带动了对于这一结构体系运用推广的研究。交错桁架是一个超越常规、充满想象力的结构体系创新，可以用于多层、高层建筑。它所能够提供的无柱空间，给建筑创作带来了极大的自由。目前使用交错桁架结构体系的著名建筑是芝加哥戈弗雷旅馆（Godfrey Hotel），这是一栋16层楼的旅馆。为了表现交错桁架的结构形式，建筑师在端部使用大量玻璃，透过玻璃可见隔层的桁架；同时，设计中将建筑体量局部内缩，以进一步凸显桁架和支撑构件，从而获得了很好的表现形式（图4-7）。如图4-8所示为重庆大学研发的交错桁架结构的住宅空间模式。其利用桁架所带来的自由平面，使高层住宅获得更大的休闲空间——空中庭院。图4-8（b）中的深色墙段是结合桁架布置的建筑围隔墙体，桁架和边柱给予建筑平面很大的自由度，并解决了建筑出挑的结构问题。大平台通常需要更高的空间来解决基本的室内采光问题，利用桁架交错的特性，可以让每一层的大平台均获得两层的净空高度。这样的建筑形态只有通过交错桁架的结构形式才能实现，是建筑形态与结构形态巧妙的有机结合。

建筑设计的创新源于社会需求和市场竞争的需要。建筑设计与结构设计之间的创新关系作为一种潜在可能，需要被设计师重视。

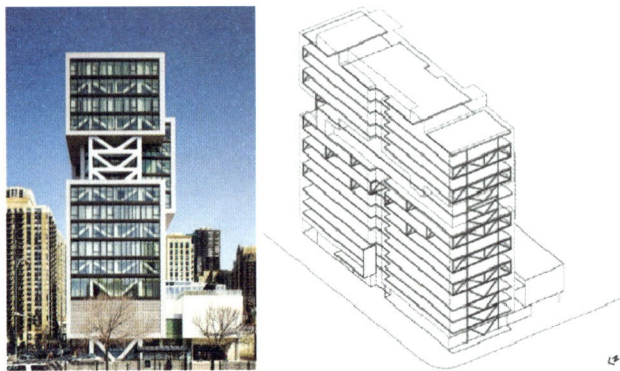

图4-7　使用交错桁架结构的芝加哥戈弗雷旅馆

（a）

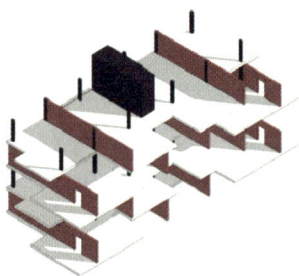

（b）

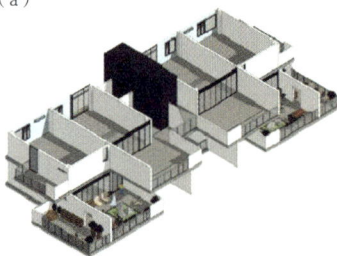

（c）

图4-8　交错桁架结构的住宅设计案例

4.2

通用与多元

1．设计意义上的通用与工业化体系上的通用

专用体系与通用体系的区别在于互换性。专用体系有严谨的体系对应度，故而也带来了一定的"排他"性。而通用体系在市场运用上更加灵活，且在建造组合上比专用体系更需要额外的"设计"。两者有各自不同的市场。

很多当代建筑中运用的部品，如果能以通用的构造技术得到多种场景的运用，则对于装配式建筑的发展能够提供设计意义上的选用价值。以建筑幕墙为例。建筑幕墙所采用的外挂骨架体系，实现了从结构骨架到构造骨架，

图4-9 外墙玻璃遮阳案例

图4-10 外墙遮阳的色彩与肌理变化

再到表皮的技术过渡。如果把外墙的轻质部品当作多元化的幕墙"表皮"，在通用的接口原理上，市场上的产品才能得到更好的"通用"。

如图4-9所示为不同建筑的外墙玻璃遮阳。就遮阳构件本身来说，可以使同样的标准化部品运用到不同形态的建筑外墙面。图4-10所示是更多变化的遮阳，结合外墙的功能与造型，通过色彩、肌理、排列方式的组合，形成了不同的外墙表皮。这些部品，一方面可以具备普通市场外墙选材的通用性，另一方面同样可以作为标准化墙板的组成，在工厂生产阶段就纳入成品制备的生产线——这一生产线，同样需要市场多元化产品的支撑。

通用性是建筑行业市场化生产的竞争优势。多元化的产品需要通用的技术衔接，使市场的选择具备通用技术接口，因此具备更多的可行性优势。通用的技术接口，应当成为产品设计的重要共识。而技术接口的通用，也意味着产品的维修、可替换性条件。这就如同空调外机的冷媒管，或者居家可自行替换的水龙头与浴室花洒，对不同厂家的产品形成规格的通用约束。当然，面对土建的需求，这一通用性的技术"接口"，在类型、变化上面临着更复杂的问题，极有可能在单一问题的发展中，超前于其他问题，从而带来阶段性的"专有"技术。这种"专有"技术需要随着市场的检验和适用技术的推广而逐渐被生产企业共同接纳，并走向可持续的发展成熟。

2．标准化背景下的多元化

在"通用接口"和标准模块的背景下，多元化在市场竞争和被选择中有着积极的主动性。建筑的工业化追求，得到了现代主义建筑大师们的推动。但是，在工厂化生产背景下，一直有着多元化的设计引导。

现代建筑大师勒·柯布西耶的工业化思维，对法国的社会住宅发展产生了重要的推动作用。法国的社会住宅主要基于两个主要的背景因素而出现：

（a）

（b） （c）

图4-11 巴黎某社会住宅

（a） （b）

（c）

图4-12 勒·柯布西耶建筑作品的立面及色彩构成

一是工业革命后大量工人面临的居住问题，二是第二次世界大战后法国面临的严重的住房危机。战争损毁、既有住房缺乏维护及战后人口大量涌入等因素，都加剧了法国的住房短缺问题。法国政府为此采取了一系列措施，包括直接参与住宅建设、鼓励私人投资建设社会住宅等，以快速、大规模地建设社会住房，满足居民的需求。这些住宅旨在为中低收入家庭提供较低价格、租金的住房，改善他们的居住条件，同时也有助于缓解城市的住房压力，促进社会的稳定和发展。如图4-11所示是巴黎某社会住宅，其建于20世纪80年代。该社会住宅从外观部品和门窗细节中表达了构件的标准化和色彩组合的多元化。不同部位的色彩面组合，在较大规模的住宅建设的不同部位重复组合，形成了标准化下的多元化。

在勒·柯布西耶的建筑作品里，对标准化的理解本身也许就是一个开放的状态。如图4-12所示，在复杂立面上的门窗模块，通过水平、垂直的布置变化，以及与混凝土格栅的结合，形成了丰富的立面构成；同时色彩赋予门窗的变化，更为室内空间的氛围带来丰富的光影组合。

勒·柯布西耶设计的拉图雷特修道院也同样是多元设计组合的示范（图4-13）。图4-13（a）中混凝土材料的表皮肌理，以及图4-13（b~d）中混凝土格栅的重复对立面节奏变化的组织、风格窗的立面构成等，其以标准的材质、尺度、模块，在组合设计的创作上实现了非常丰满的建筑表情。

（a）

（b）

（c）

（d）

（e）

图4-13　拉图雷特修道院

空间模块同样也具备多元化的设计组合可能。如图4-14所示为鹿特丹的"立方体住宅"，是建于20世纪80年代的社会住宅。在第二次世界大战期间，这个片区遭到破坏，而建筑师皮特·布洛姆（Piet Blom）被要求在此重新开发具有特色的建筑区域。鹿特丹的立方体住宅成了进步和创新建筑发展的有影响力的先例。在这个项目中，立方体作为重复的居住空间"单元"，呈现为建筑体量上的连续性。在具备同样"倾斜"变化的空间单元里，预制家具与空间的组合变化，进一步创造了复杂居室内的多元性格。

除了构件自身的韵律之外，色彩也是结构构件在重复运用中突出空间个性的方式。例如马德里机场对于结构柱列的色彩运用，利用不同色彩进行分区引导，并对混凝土、钢、玻璃在韵律的图底关系中进行了当代材质的轻松对比（图4-15），从而通过标准化构件模式形成了多元化的空间变化。

标准化追求的是协同的效率。在这一基础上，多元化与标准化形成标准化设计中相互伴生的"图—底"关系。因此，仅仅追求简单的标准化，并不能满足对设计的探索和创新要求。

（a）

（b）

（c）

（d）

图4-14　鹿特丹的"立方体住宅"

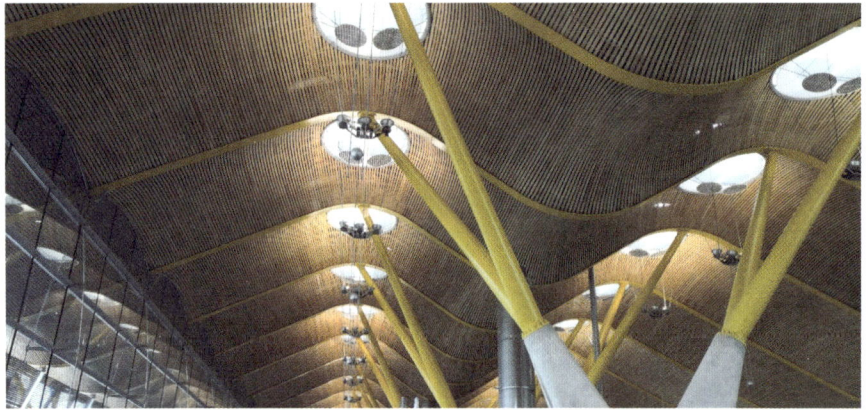

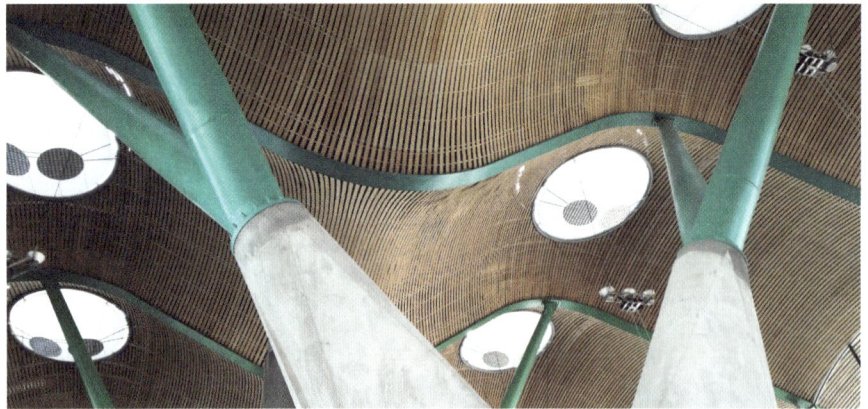

图4-15　马德里机场具有韵律变化的结构柱列

本章回顾

　　建造实施的组织，对结构的体系关系提出了创新思维。装配式建筑里，体系化的结构被进行了可能的拆分，以满足模块化的趋势，并带来不同的技术设计要求。设计师面对结构技术，应保持开放的心态，了解结构、材料的发展。标准化是多元化的基础，这一基础上的多元化创作，是面向工业化的主动、积极的应对。

思考题与练习题

　　1. 如何看待标准化对设计师的限制？

　　2. 如何辩证看待标准化和多元化的关系？

　　3. 除了本章的案例，举例说明现代主义建筑作品中对于标准化和多元化的追求。

第 5 章

符合装配式建筑要求的平面设计

【本章导读】为了更好地适应装配式建筑工厂化生产及装配化施工的要求，在进行建筑的平面设计时，应注意做好标准化设计，建筑平面应尽量规整，柱网应尽量统一，同时注重模数化和模块化设计，从而有效减少构件类型，方便建筑构件的生产、运输、存放和装配，有利于实现装配式建筑"提质—降本—增效"的目标。

5.1 符合装配式建筑要求的建筑设计原则

1．简洁化

在国家大力推进装配式建筑之前，我国城市中的多高层建筑主要采用钢筋混凝土结构方式来建设，建筑设计与施工技术都积累了较为丰富的经验。而采用装配式的方式建造需要考虑构件工厂生产制造、项目现场装配建造等更多的因素，故其设计逻辑与建造方式都发生了很大的改变。装配式建筑需要将传统的建筑业与制造业相融合，吸收借鉴制造业中的先进理念和技术。制造业中的简易化原则可以给装配式建筑很多启示，在设计中应充分考虑易于制造和建造的需求，使建筑设计尽量简洁，从而避免对建筑过度的无谓变化和装饰，控制组成装配式建筑中构件的数量和种类，简化构件的连接，并在满足建筑功能、安全和品质的前提下，通过合理的设计，达到缩短建设工期、提高建筑质量、提升经济效益的目标。

2．标准化

建筑标准化是实现建筑工业化的重要抓手。只有通过提高建筑和构件的标准化程度，才能更好地实现建筑构件高效率、大规模的工业化生产。装配式建筑的发展需要将建筑标准化设计作为工作的重点。

通过标准化设计，可以有效控制建筑构件的类型，使整体式外墙板等构件模具成本降低，生产效率得以提升，同时建筑工程施工和管理难度也会降低，从而为不同专业之间、协作单位之间提供良好的工作基础。

建筑标准化设计可能会对建筑的多样性带来一定的制约，这也是在进行建筑标准化设计过程中需要面对和解决的问题。建筑设计中可以通过"少规格、多组合"的方法，在标准化基础上为建筑带来一定的变化与适应性。

3．集成化

集成化是指将功能上相关联的部分组合成为一个有机整体，使得集成后的各部分能够协调工作，并发挥更大效益。

装配式建筑中集成化的主要做法是将功能上相关联的构件进行整合成为集成构件，例如集成卫浴、集成厨房和集成收纳等；或者通过将构件的不同层次进行整合，使其成为集成化的部品、部件，例如保温装饰一体化集成外墙板等。

集成构件在工厂以工业化的方式进行加工生产，从而把建筑建造过程更多地往工厂转移，符合装配式建筑的理念。同时，工厂化制造的集成部品、部件质量也更有保障，有利于提升建筑质量。集成构件生产后运往建筑施工现场进行安装，可以减少在项目现场的施工步骤，实现快速建造。

在装配式建筑设计过程中，各专业之间应建立协同机制，并与生产制造厂家密切配合，深入了解生产工艺和产品特点，设计和选用集成化的建筑构件。

4．精细化

装配式建筑的建造方式决定了其在设计过程中必须遵循精细化的原则。设计中除了考虑建筑常规的功能布局、结构安全和外观造型等因素之外，还需要考虑装配式建筑构件制造和装配的各种要求，在充分沟通协调后进行精细化设计，并落实到设计图纸中，从而极大程度地避免施工现场发现问题造成图纸变更，使现场的施工能够顺畅进行。

例如，在装配式钢结构建筑的钢梁设计时，要考虑为室内管线的穿越预留孔洞，然后在工厂加工，从而完全避免在现场进行钢梁开洞的操作；室内采用条板隔墙时，需要对条板的安装进行排版设计，从而有效指导施工和减少板材的切割；在卫生间设计时，需要通过精细化设计将洁具完全定位，并确定各种管线位置，从而方便建筑室内一体化施工。

5．协同化

传统建筑设计主要由建筑设计机构的建筑、结构和设备等专业人员共同配合完成，而装配式建筑需要考虑构件的生产制造、运输和装配的因素，以及普遍存在的、建筑装修一体化的要求，故在传统的建筑设计中增加了技术策划、室内设计和构件深化等工作内容，需要技术专家、室内设计师及构件深化设计师等更多的人员参与到建筑设计工作中来，从而使整个建筑设计工作的复杂度增加，工作链条加长。

在设计过程中需要充分遵循协同化的原则，建立协同化的工作机制。应通过会议等形式进行高效沟通和协同，加强建筑设计阶段的信息传递，提升建筑设计的效率，提高设计质量，减少因为工种协同不好而产生的管线碰撞和现场安装困难等问题。

6．信息化

信息技术发展日新月异，各个传统行业都在与信息技术积极紧密地结合以提升行业的生产力，信息技术也能为装配式建筑的发展提供支持和技术保障。目前BIM技术已在装配式建筑设计中得到了较为广泛的采用。建筑、结构与设备等各个专业通过协同工作建立起包含建筑尺寸、结构、功能和材料等各项信息的三维数字模型，故而BIM模型包含了从规划设计、建造施工到后期运维管理的全生命周期的各种信息，体现了完整性、一致性和关联性等特点，并具备可视化、可模拟、可优化、可出图的优势。BIM技术可以提高"设计—生产—施工"全过程的工作效率，减少错误发生，提升建筑质量。

5.2 符合装配式建筑要求的建筑平面设计要点

1．做好建筑平面的标准化设计

下面以住宅和公共建筑的平面模块及组合为例，对建筑平面的标准化设计进行探讨。住宅建筑平面标准化设计从局部到整体可分为房间和空间标准化设计、住宅套型标准化设计和住宅标准层标准化设计三个层面。公共建筑的标准功能单元主要体现在有重复功能空间的建筑类型中，如教学楼、宿舍楼和酒店等。

（1）房间和空间标准化设计

住宅平面中的公共部分主要包含楼电梯、公共走道和管道井，住宅套内则主要包含客厅、餐厅、卧室、厨房、卫生间和阳台等空间。设计中可以将不同户型的客厅、卧室、厨房、卫生间等划分为房间模块，并将不同房间和空间模块进行标准化设计，如图5-1所示。

住宅户型由不同的房间和空间模块组合而成。同一个小区中，同一房间和空间模块会被大量重复使用，故房间模块设计时任何一个错误都会被重复很多次。因此，一定要对房间和空间模块进行非常仔细的推敲，以确保每个房间和空间模块的设计尽量完美，不留缺憾。

（2）住宅套型标准化设计

通过精心设计、有效控制组成住宅的房间和空间模块的类型，并将这些有限数量的标准化房间和空间模块进行有机组合，就可以形成不同的建筑套型平面，如图5-2所示。

使用标准化的住宅房间和空间模块，会提升建筑套型平面的标准化程

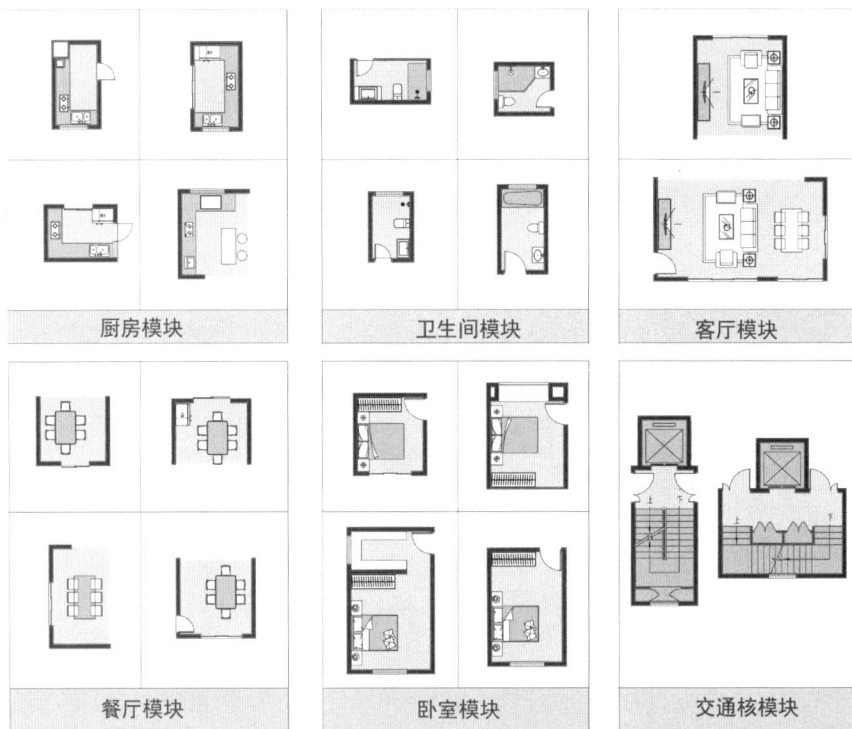

厨房模块	卫生间模块	客厅模块
餐厅模块	卧室模块	交通核模块

图5-1 住宅房间和空间模块标准化设计

图5-2 采用标准房间模块组合成多样化的住宅套型

度。此外，在满足项目对建筑套型面积和配比要求的情况下，还应控制不同种类套型的数量，做好住宅套型层面的标准化设计工作。

（3）住宅标准层标准化设计

使用"标准层"是多高层住宅建设中的常用做法（图5-3）。将住宅的标准层平面在多高层住宅建筑中重复使用，其中已经体现了一定的"标准化"

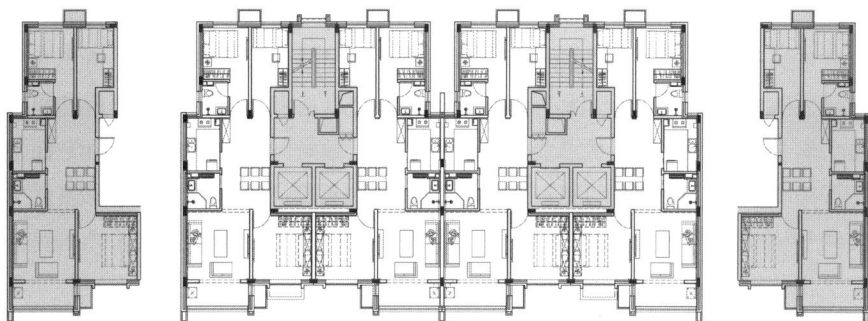

图5-3 住宅套型平面与标准层平面

思想。装配式住宅标准层的"标准化设计"还包括以下含义：通过减少同一个小区中使用的住宅标准层平面类型，可以提高建设项目的标准化程度，提升住宅项目的整体建设效率。

装配式住宅标准层设计应分区明确，公共区域的楼电梯及设备竖井等区域应独立集中设置。同时，住宅套内空间的动静分区应合理，并合理选择厨房和卫生间的位置，且套内用水空间应尽量集中布置，从而有利于设备管线的排布。

在住宅的标准层设计中常使用"平移""转动"和"镜像"等方式将住宅套型进行组合。从标准化的角度来说，标准层套型组合中采用"平移"和"转动"的组合方式比"镜像"的方式更加标准化。如图5-4（a）所示的住宅标准层平面中套型虽然是"镜像"关系，但是两个"对称"套型的建筑立面墙板窗洞位置、套型内部墙体的水电开关点位等都有可能发生变化，从严格意义上来讲，两个套型虽然"对称"，但却是两种不同的类型。

如图5-4（b）所示的住宅标准层平面中的四个套型采用的是"转动"的

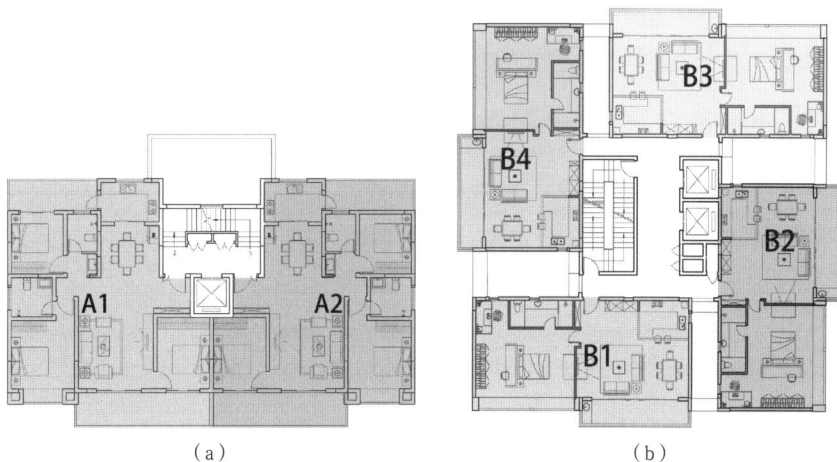

（a）   （b）

图5-4 住宅套型组合方式对比
（a）"镜像"组合方式，A1户型≠A2户型；（b）"转动"组合方式，B1户型=B2户型=B3户型=B4户型

组合方式，每个套型单元可以做到完全一致，不会增加不同套型的数量，故而显得更加标准化。

再以中学教学楼为例。建筑平面设计时可根据功能要求，先确定教室及走廊的标准尺寸。如图5-5（a）中所示，普通教室的平面轴线尺寸为10 500mm×8100mm，走廊轴线宽度为3600mm。然后，使办公室、卫生间和楼梯间等其他功能空间尽量与教室的尺寸协调，共同组合完成教学楼的建筑平面设计，如图5-5（b）所示。

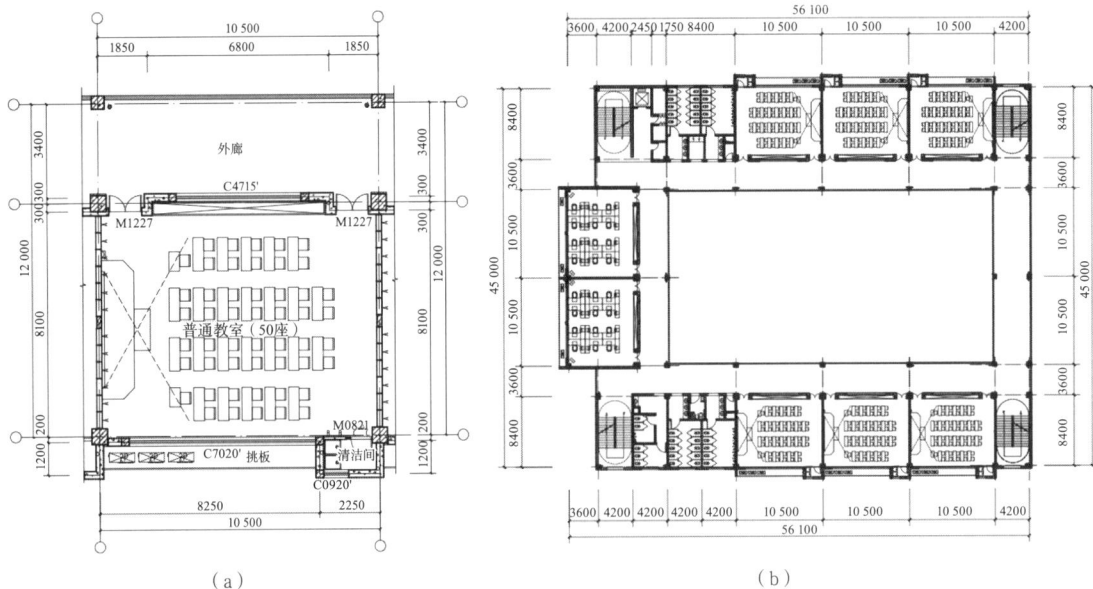

（a）　　　　　　　　　　　　　　　　　　　　　　（b）

图5-5　中学教学楼平面标准化设计
（a）普通教室平面标准化设计；（b）教学楼平面组合示意图

2．建筑平面形状应尽量规整

在装配式建筑平面设计中，在实现建筑功能布局、满足房间的采光通风等需求的前提下，应尽量采用比较规整的平面形状，来适应装配式建筑标准化的要求。但规整并不意味着缺少变化，图5-4（b）就是变化组合的一种方式。

在住宅建筑中常通过凹槽来解决厨房和卫生间等房间的采光问题，但这会对建筑结构柱网的连续性和结构经济性产生一定影响，故建筑凹凸变化及长宽比例应满足结构对质量、刚度均匀的要求。在平面设计中，应结合装配式建筑的特点，对住宅平面户型进行优化，减少不必要的凹凸（图5-6）。

如图5-7（a）所示，住宅、酒店、公寓、学校、医院等建筑平面比较规整的建筑宜采用装配式的方式建造，从而充分发挥装配式建筑快速建造和降低成本的优势。而一些比较异形的建筑，如图5-7（b）所示，由于不能大规模使用标准的预制构件，故更适宜采用现浇的方式建造。

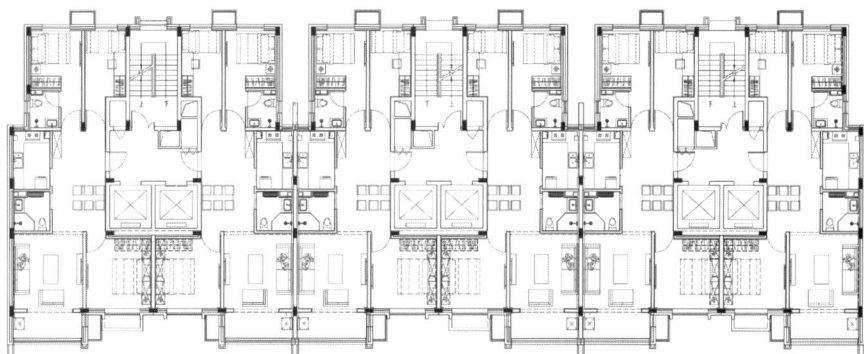

图5-6 与装配式建筑相适应的住宅平面

（a）　　　　　　　　　　　　　（b）

图5-7 建筑形式与装配式建造方式的适应性
（a）适宜装配式建造的建筑形式；（b）不适宜装配式建造的建筑形式

3．注重建筑平面的模数化设计

推行建筑工业化离不开标准化设计，而标准化设计又离不开模数体系。模数化设计可以为装配式建筑实现"设计—加工—装配"一体化提供技术支撑，实现不同层级之间的尺寸协调，从而有利于装配。此外，模数化设计还可以限定住宅部品、部件的规格尺寸，使其具有通用性和互换性，有利于产业标准化。

以住宅建筑为例，建筑平面的模数化设计主要需要从以下方面进行考虑。

（1）平面模数网格叠加

装配式住宅的不同层级对应不同的模数级，例如住宅的开间、进深、柱距等宜采用$2n$M、$3n$M的扩大模数数列，梁、柱、板等则宜采用nM的扩大模数数列，而平面设计往往涉及多个层级或系统的叠加，此时多套适用于各自层级的平面模数网格叠加后便可一次性控制平面设计尺寸。以平面设计同时分析结构系统和外围护系统为例，柱子采用常用的轴线定位法，形成间距为$3n$M的模数网格，外墙板采用间距为nM的模数网格，则在叠加后的模数网格上开展设计便考虑了建筑主体与外围护板材的拼接关系。

（2）二级模数系统

在装配式住宅建筑中，针对厨房、卫生间等部品集成化功能区可采用二级模数系统。区别于一级模数1M=100mm，二级模数系统的基本模数为10mm。厨房、卫生间的净尺寸以扩大模数数列$3n$M控制，部品及小空间尺寸则采用以30mm进级的二级模数网格；若要进行更小尺度的精细化设计，则采用以3mm进级的模数网格子网格。二级模数系统既承接了基本模数对空间尺度的控制，又兼顾了小尺度部品设计和微尺度精细化设计的模数化，实现了不同模数级之间的协调。

除住宅外，其他类型建筑可根据建筑的特性来确定选用的模数系统。例如，学校类建筑为减少部品、部件种类，建筑平面尺寸可采用3M模数，建筑部品可采用1M或1/2M模数。

4．建筑平面柱网应尽量统一

在装配式建筑平面设计中，应尽量采用规则的柱网形式，柱网尺寸符合模数要求，并在相对标准的柱网中合理分隔房间。如图5-8所示为北京市首个装配式钢结构住宅示范工程"成寿寺B5地块定向安置房项目"中一个楼栋单元的标准层平面图。该建筑平面形式非常规整，均采用6.6m×6.6m的标准柱网，在柱网内进行合理划分，排布使用功能，故很好地满足了装配式钢结构建筑模数化、标准化的要求。

通过使用规整柱网，使得建筑结构更为清晰简洁，可以减少柱子的数量，从而减少梁的数量，进而减少了构件在工厂加工的工作量，以及减少了现场装配施工的工作量。建筑平面减少不必要的凹凸，可以减少外围护墙板的使用，节约成本，提高效率。此外，建筑体形系数的减小还有利于提高建筑的节能指标。

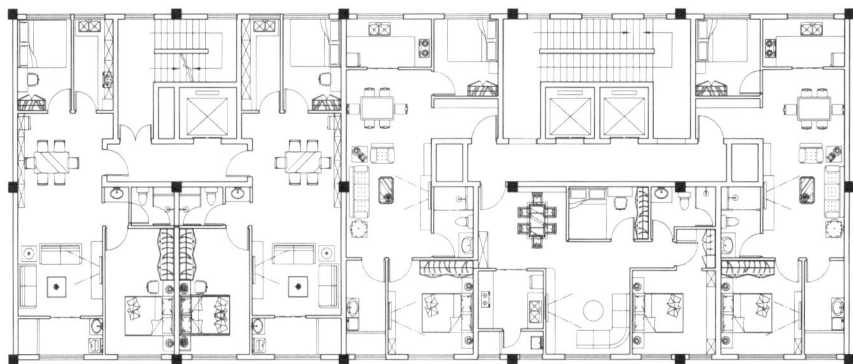

图5-8 北京成寿寺B5地块项目平面图

5．提高建筑空间的可变性与灵活性

在建筑平面设计中，应尽可能地选择大空间布局方式，对于承重墙与管井的位置进行合理的布置，进而提高建筑空间的可变性与灵活性。

在装配式建筑项目中，根据项目情况适宜选用较大的柱网尺寸，可以减少建筑柱子的数量，梁的数量也会随之减少，进而减少了构件工厂加工和现场施工的工作量，提升了建造整体效率。采用大柱网也更容易实现建筑内部空间的可变性。如图5-9所示的住宅户型平面，设计采用较大的柱网形式，可以根据不同的使用要求进行灵活的空间划分。

（a）

（b）

（c）

（d）

图5-9 住宅户型空间的可变性
（a）大套房户型；（b）主流三口之家户型；（c）二孩之家户型；（d）三代同堂户型

6．做好建筑、结构、机电和室内的一体化精细设计

装配式建筑需要做到建筑、结构、机电、装修的一体化设计与施工，因此在平面设计时需要协同考虑各专业的要求，做好一体化精细设计，将建筑主体结构与管线、内装分离，实现机电管线、内装部品、集成厨卫的集成化干法装配。一体化精细设计能够有效避免传统建造方式在装修阶段普遍存在的对建筑拆墙开洞，以及因此而造成的工期延长、材料浪费和产生大量建筑垃圾等问题。

装配式建筑要求建筑、结构、设备和内装设计进行充分协同，使得预制构件的制作充分考虑了机电管线、装饰装修、建筑产品和部件的安装等要求，从而为缩短后期装修工期、提高建筑质量创造了条件。如图5-10所示的装配式酒店建筑设计中，对酒店房间的室内布局进行了精细化设计。

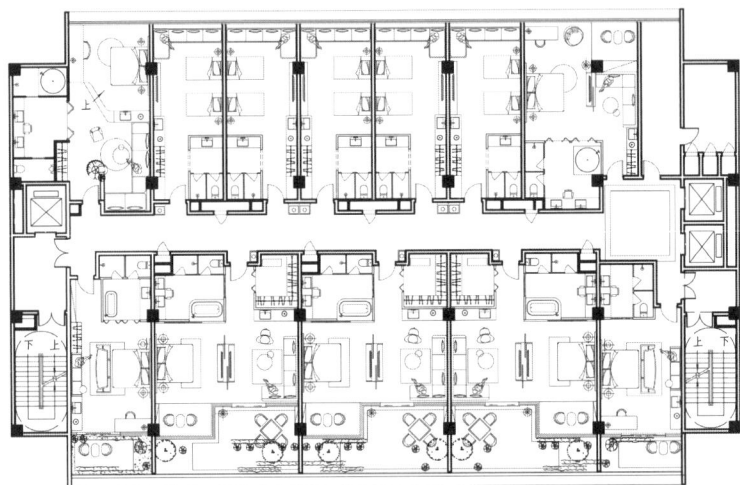

图5-10 建筑平面的精细化设计

本章回顾

装配式建筑设计需要遵循简洁化、标准化、集成化、精细化、协同化和信息化等原则。为了实现项目"提质—降本—增效"的目标，在装配式建筑的平面设计中，应当做好建筑平面的标准化设计，使建筑平面形状尽量规整，注重建筑平面的模数化设计，柱网应尽量统一，提高建筑空间的可变性与灵活性，并做好建筑、结构、机电和室内的一体化精细设计工作。

思考题与练习题

1. 装配式建筑设计需要遵循哪些原则？

2. 从建筑平面的角度来看，哪些类型的建筑更适合用装配式建筑的方式来进行建造？

3. 从建筑平面设计的角度来看，哪些做法会产生构件类型多样、构件加工烦琐、施工装配困难的问题？

第 6 章　SI与装配式内装

【**本章导读**】SI的设计理念将建筑拆分为不变（建筑结构与共用设备）与可变（内装和设备管线）两部分，是装配式建筑实现建筑产品适应市场多样化需求的重要方法，为部品、部件的产品体系构建提供了有效路径。在这一新模式下，建筑师将面对新的挑战，同时也迎来更广阔的设计创新空间。

6.1

SI概念

SI概念源于SI住宅体系，是指支撑体和填充体完全分离的住宅。支撑体S（Skeleton，以下简称S）由建筑结构、共用设备空间组成，具有高耐久性，是建筑长寿命的基础。填充体I（Infill，以下简称I）由内装和设备管线组成，通过与主体结构分离，可实现其灵活性、可变性。SI是以保证建筑全生命周期内质量性能的稳定为基础，通过支撑体S和填充体I的分离来提高建筑的功能适应性和全寿命期内的综合价值（图6-1）。

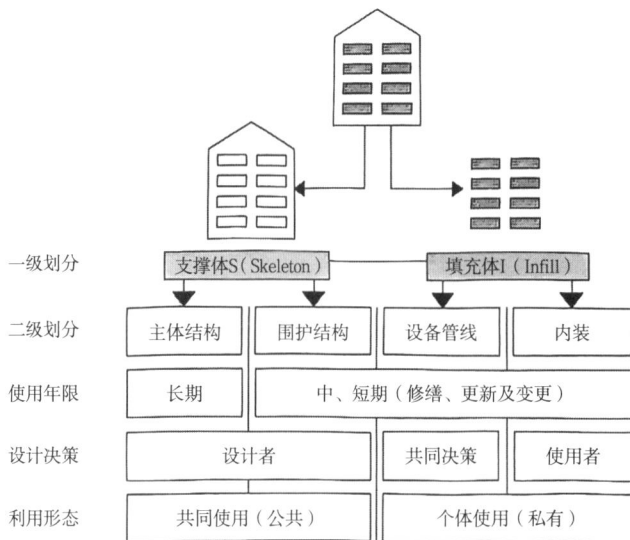

图6-1　SI住宅概念

将SI概念引入装配式建筑产品体系的构建，意义在于分离的S和I可以独立发展其产品体系，这有利于更多传统的建造企业结合自身优势研发通用部品、部件。例如，混凝土企业可研发生产预制结构部件，空调企业可研发生产集成空调模块，卫生设备企业可研发生产整体式卫浴间等。装配式建筑产品体系的构建有赖于这些子产品体系的发展与整合（图6-2）。

```
非承重外墙及分户墙等 ──┐
                      ├── 填充体I
专用部分的管线：给水、排水、
煤气、电气、通信等管线 ──┤
                      │
专用设备：浴室、卫生间等设备 ──┤
                      │
内装 ──────────────┘

主体结构梁、板、柱、承重墙等 ──┐
                      ├── 支撑体S
共用管线：给水、排水、煤气、
电气、通信等管线 ──┤
                      │
共用部分设备、走廊、电梯等 ──┘
```

非承重外墙
专用设备
专用管线
内装
非承重分户墙
柱
共用设备
地板
梁
公共走廊
共用管线

图6-2 SI住宅构成示意图

6.2 装配式内装

1.“内装六面体”

传统方式下，内装、设备管线与结构主体结合很紧密，例如墙面抹灰刷漆、地面找平贴砖、管线安装剔槽打洞（图6-3）等，这给装配式建筑的发展带来诸多不利。首先，按我国现行规范，主体结构的使用寿命在50～100年，而内装和设备管线的使用周期通常在5～15年。因此，建筑在建成之后的长期运维更新过程中，由于内装与设备管线的老化会经历多次装修，而拆除与重装时剔凿主体结构不仅会影响建筑的使用寿命，且工期长、环境污染（噪声、粉尘等）严重。其次，在传统现浇体系下，大量水平管线预留预埋在结构现浇层里，而竖向管线则较为分散（特别是住宅建筑），并形成多处垂直穿楼板（图6-4），设备管线的走向和位置固定在主体结构内部，后期很难随功能的变更而改变。这一方式如果用于装配式建筑，对减少建筑部件、部品规格，降低部件、部品的生产难度，以及提高现场安装效率非常不利。

解决这些难题的关键就是SI模式，即内装、设备管线与结构主体分离

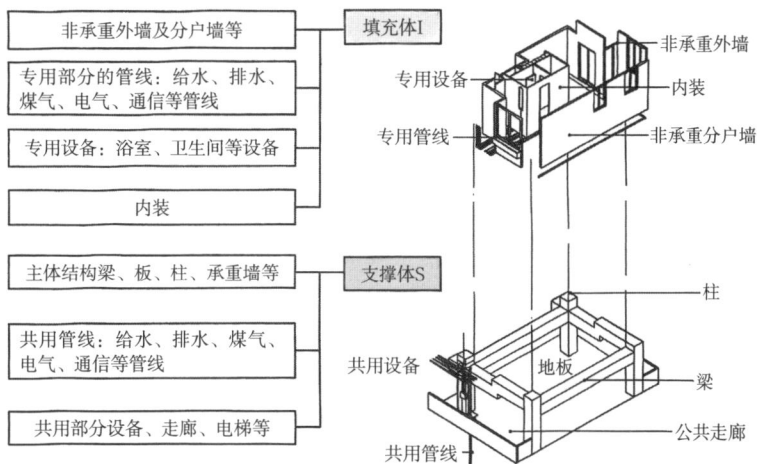

图6-3 二次装修时在结构面剔槽埋水电管线

图6-4 楼板现浇时预埋管线

的"内装六面体"方式（图6-5）。其实现方法是：将室内装修的天、地、墙面通过各种架空构造方式与楼板、承重墙、实体隔墙等实体表面脱离，形成"内装六面体"，从而利用架空层空间与非承重墙体内空腔进行设备管线系统布置。在后期改造之时，只需要拆卸下内层墙壁、地板及吊顶就可以进行维修或更换，改造完成后再将内层面板更新装回即可。此外，利用集中设置的活动检修口就可以完成设备管线系统的日常维护与检修，且整个过程不会对建筑的承重结构和外围护构件造成破坏。

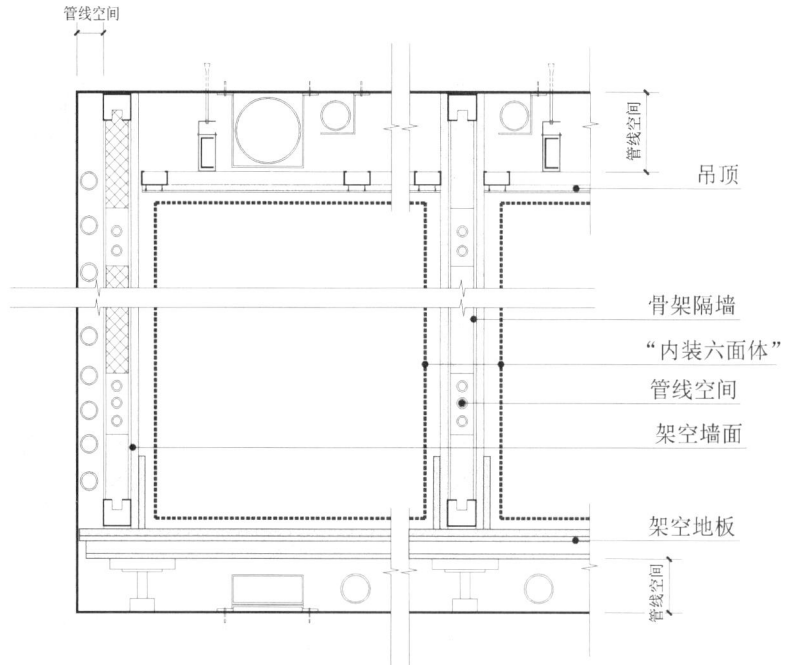

图6-5 "内装六面体"构造关系

2．干式工法

装配式装修是采用干作业施工的干式工法，其典型的构造连接方式有螺钉、卡扣、挂榫、胶粘等。这类连接方式通常是双向可逆的，故安装和拆卸都比较方便，且施工速度快，也便于后期的回收再利用。

传统内装施工现场湿作业多，施工精度差，工序复杂，建造周期长，且施工质量依赖于现场工人的技术水平，最终质量难以得到保证；而干式工法作业可以实现高精度、高效率和高品质。例如，北京郭公庄住宅项目采用装配化内装，10天就完成了从毛坯房到全装修房的施工，而传统模式下则需要1~3个月的时间。

1．日本新时代试验住宅——SI集合住宅

日本新时代试验住宅是SI集合住宅的典型案例。该住宅建设于2000年3月，工期8个月，占地660m²，总建筑面积1255m²，为钢筋混凝土框架结构，柱距7.2m×11.6m，地上3层，层高分别为3.55m、3.25m和3.35m（图6-6）。

图6-6　日本新时代试验住宅

住宅采用大柱距的灵活框架，最大能实现240m²的无柱大空间。每层的分户墙可以自由设置，户内的空间配置也有很大的灵活度。考虑到设备的维修和更新，把集中的竖向管道井设置在外廊上，结合厨卫区的地面降板，这样无论建成初期，还是以后的二次装修中，厨房、卫生间的位置都可以自由变化（图6-7～图6-9）。

2．万科"芯"公寓——标准化+弹性可变的户型产品

万科"芯"公寓是基于SI概念、以工业化集成式设计思路来实现全装修住宅设计的一次探索。它的户型基础平面（图6-10）由外墙与分户墙、一根内部结构柱和竖向设备管井构成，是"S"的部分，即保障结构安全和设备到位的"支撑体"，在住宅全生命周期中都是固定不变的；由"S"提供的自由灵活空间，可以随不同居住者的需求，或同一居住者不同时期的需求而变，实现需求可变的是"I"的部分，由集成化、标准化、系列化的内装模块来完成的"填充体"。

先解读"S"的部分，就是图6-10中的户型基础平面，由一根"芯柱"和一圈墙体加管井构成的，我们来分析一下这个不可变的部分所包含的设计思考。

240m²

三层平面

二层平面

7200

首层平面

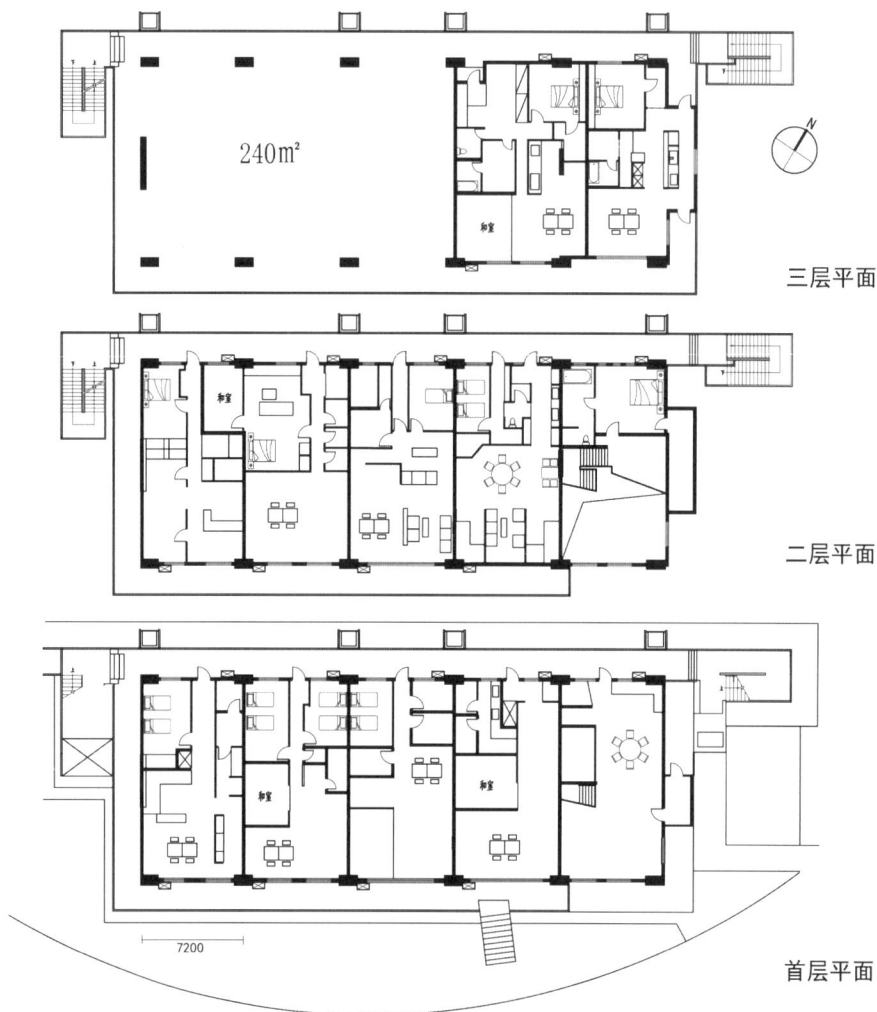

图6-7　日本新时代试验住宅的各层平面

家庭人口变化	2人	3人	4人		3人	2人
家庭结构	夫妇2人 ▶	夫妇+小孩1人 ▶	夫妇+小孩2人	▶	夫妇+小孩1人 ▶	夫妇2人
住宅平面的变化						
备注	结婚初，丈夫公司工作，妻子SOHO，第一胎出生后，妻子边看孩子边在家工作		第2胎出产，不久长子上小学，确保小孩用房有1间		第2个小孩上小学，小孩用房1间追加，同时随着小孩的成长，现有小孩用房扩大	

图6-8　日本新时代试验住宅的户型变化

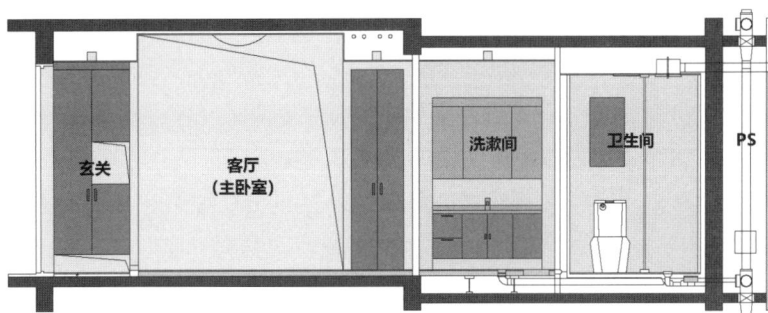

图6-9 户外共用管井与卫生间的关系

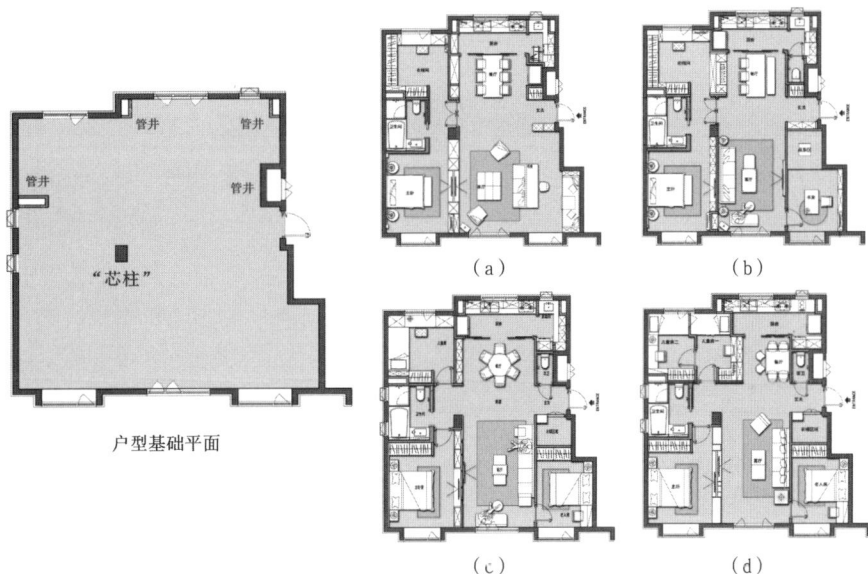

户型基础平面

图6-10 万科"芯"公寓的大空间住宅模式
（a）一居户型；（b）二居户型；（c）三居户型；（d）四居户型

（1）芯柱位置偏心，形成左右不同的开间尺寸，左侧较小布置功能相对固定的睡眠与工作学习空间，右侧较大能形成可分可合的公共空间，二居、三居、四居的多种户型配置都可以实现。

（2）不同朝向的外墙处理不同。在朝向优良的方向上，景观视线与采光通风条件好，外墙开窗面大，用于布置主要居室和客厅、起居厅等；朝向相对差的方向，考虑布置餐厅、厨卫等次要的功能，除解决采光通风问题外，各种竖向设备管井也相应靠外墙布置，尽可能为内部空间留出灵活性。

（3）户型进深设计为在2~3个房间进深，这样能保证所有房间都至少有一面靠外墙，能很好地实现自然采光通风。

（4）如果我们再进一步对标准平面各细部尺寸进行分析的话，就会发现墙体形状的转折凹凸关系，开窗的位置和尺寸等，都是为了匹配不同需求下

69

的空间划分和家具布置，这不是偶然巧合，是建筑师经过大量的反复推敲、优化形成的。一个基础平面能演变出若干种户型变化，就是好的住宅定型产品，在此基础上开发的内装与设备部品能更好地满足市场的多样化需求，从而获得足够的产量支撑。

其次来解读"I"的部分。如图6-11所示的4种户型配置里所有的"填充"都是非承重的内装模块，结合前面对户型基础平面的分析，会发现设计中解决标准化与多样化矛盾的方法。

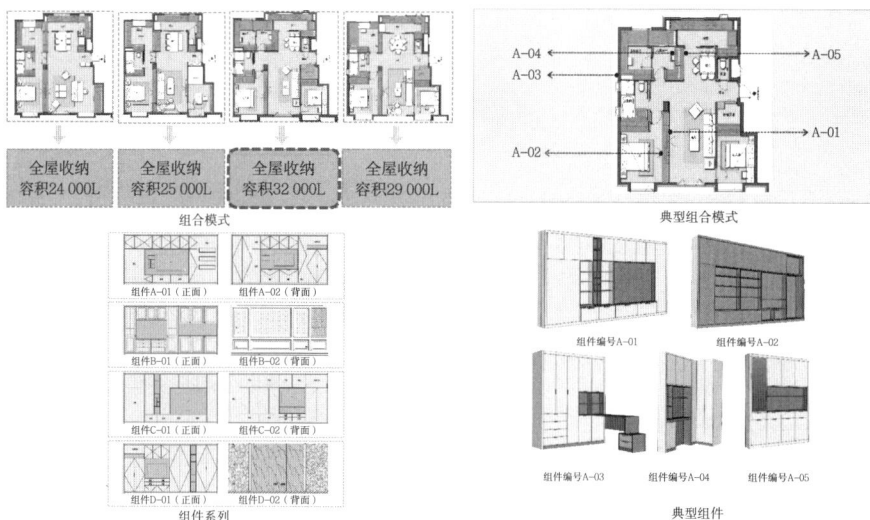

图6-11　万科"芯"公寓的内装部品体系

（1）为配合竖向管井，卫生间和厨房的位置与功能配置相对固定，因此是相同的，不同户型可以采用相同的集成厨卫部品。

（2）为构建不同户型而开发的内装模块，即空间分隔与收纳系统，其部品设计借鉴了"乐高"概念，在统一的模数下，全部组件化完成，提供菜单式组合方式，产品设计提供系列组件配置并对其进行编码，客户网上下单预订、现场装配，组件可回收更新换代，实现全生命周期。这种方式既能标准化、系列化生产，又能自主选择、灵活配置，在客户需求与产品生产之间搭建了有效对接的桥梁。

从这个案例中我们可以看出，建筑设计是建筑产品能够立足市场的关键环节，建筑设计能解决对接市场需求的功能、形态、空间等产品核心问题，而如何将市场的多样化需求凝练到标准化、系列化产品中去，是建筑产品设计的重要课题。

本章回顾

本章探究装配化内装的建筑"填充体"技术解决方法，以SI概念为基础，针对S、I分离的实现方式提出"内装六面体"系统，结合案例对其标准化、空间适应性、部品模块化、集成化等方面的创新设计进行初步探讨。

思考题与练习题

1. SI概念中的S和I分别指什么？试结合案例说明SI如何实现分离。

2. 什么是"内装六面体"？试分析其利弊。

3. 什么是装配式装修（干式工法）？举例说明传统湿作业的装修与干式工法的差异。

4. 收集SI建筑典型案例，并结合案例探讨内装与结构分离的设计方法。

第 7 章　典型内装部品及集成化设计

【本章导读】在大力发展装配式建筑背景下，装配式内装的部品集成设计正成为突破传统设计建造模式的重要路径。装配式内装以"工厂预制、现场集成"为核心，通过模块化部品与标准化接口的协同，将建筑内装从"工地手工"升级为"工业产品"，不仅大幅提升施工效率与品质可控性，更通过管线分离技术（SI体系）延长建筑生命周期。当前，内装集成设计需要系统性整合结构支撑、功能模块、设备管线与装饰饰面等，重构空间功能与实现方式，推动内装部品从单一产品创新向全链条体系优化的迭代升级。

7.1
装配式内装的系统构成与典型部品

装配式建筑的内装部品是以模块化、标准化、工业化、集成化为设计理念，通过模块组合、干法安装、可逆化更新来实现，其构成通常包括以下几大系统和类别，如图7-1所示。

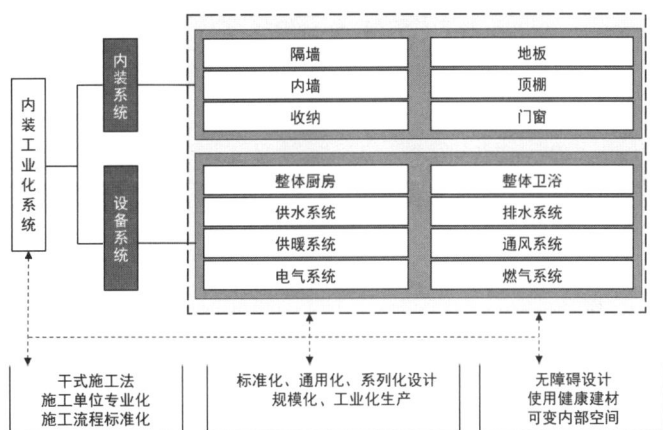

图7-1 内装部品体系构成

传统的内装方式是对每栋房屋进行单独设计、采购、施工安装，所需产品和材料不需要定型化，内装及各设备系统之间缺乏集成与协同，设计与施工过程单一，属于定制模式。装配式建筑推行以部件、部品为核心的商品化体系（图7-2），属于订购模式。部品作为装配式建筑应用技术的新载体，将原来单一功能的材料或产品整合为复合功能的部品。与传统内装、设备的材料及产品相比，部品具有在技术运用和功能整合上的集成化、模块化特征。单一的材料和产品是标准化控制的对象，部品则通过系列化组合提供选择的多样性和自由度。

内装与设备部品具有以下特征。

（1）与结构主体分离，从生产到建造安装完全分开，可以实现结构部件

图7-2　内装部品的商品化体系

与内装、设备部品同步采购生产，从而缩短工期。

（2）由工厂批量化生产，产品设计集成化、模块化，产品生产标准化、系列化，从而实现商业流通，有品牌型号，产品与市场对接反馈。

（3）施工安装装配化，以干法连接为主，尽可能减少湿作业，工期短，品质高。

内装、设备与结构主体分离的典型部品有架空地板、架空墙面、轻骨架隔墙、集成吊顶、模块式地暖等（图7-3、图7-4）。

整体卫浴是最典型的模块化集成部品（图7-5）。整体卫浴集成了洁具、设备管线及墙板、防水底盘、顶板，同时满足盥洗、沐浴、便溺等多项功能，使传统模式下工序繁杂、工期长的卫生间装修，简化为采购安装的方便模式，且能获得更高品质，从而大大提高了建造效率。可见，技术集成度的不断优化提高是内装部品发展的重要方向。

部品集成化、模块化的发展可以大大提升建筑产品的品质，简化设计订购流程，增加部品作为商品的流通性。同时，装配式内装部品可大大提高施工安装效率，保障现场完成质量。此外，部品使用过程中的运营维护由生产商或专业运维方承担，从而使房屋整体成为有质保的特殊商品。随着产业化发展，部品的生产规模和市场将逐步扩大，并最终建立完善的优良部品库。

架空地板系统专用部品　　　架空地板系统地脚螺栓部品　　　吊顶系统做法及专用部品

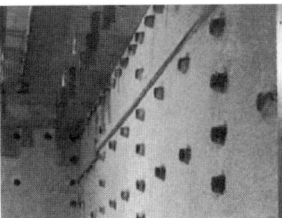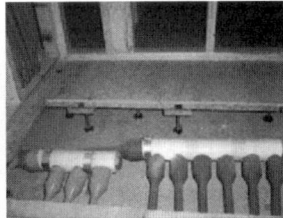

内保温双层墙体做法及专用部品　　同层排水系统及专用部品　　给水分水器系统及专用部品

图7-3　典型内装部品（一）

架空地板

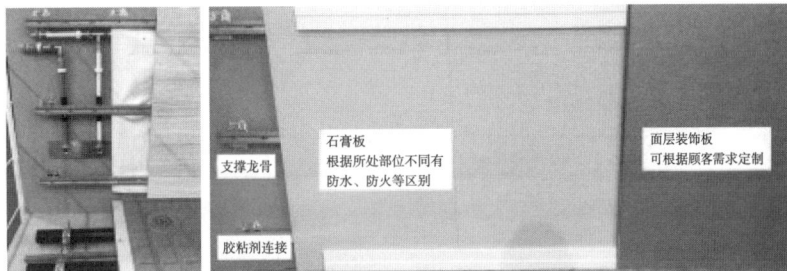

架空墙面

轻骨架隔墙

图7-4　典型内装部品（二）

集成吊顶

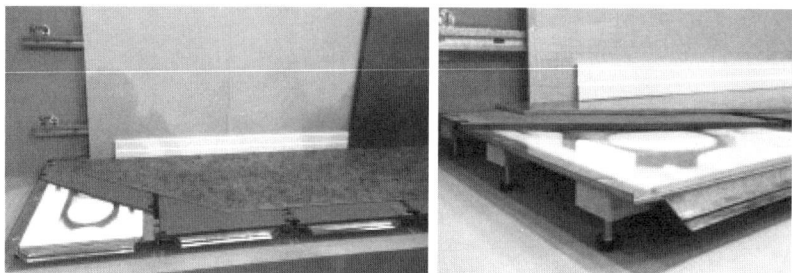

模块式地暖

图7-4 典型内装部品（二）（续图）

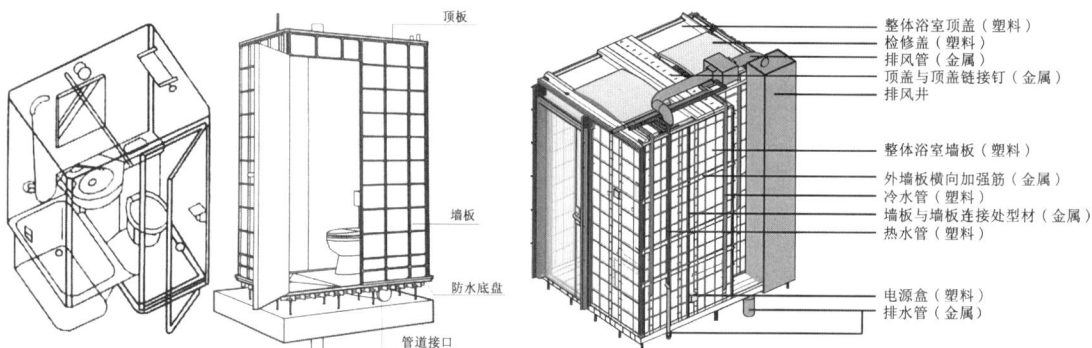

图7-5 典型模块部品——整体卫浴

7.2 内装部品的集成化设计

下面结合几个典型案例展开分析，探讨建筑师如何从内装部品集成化的角度来进行设计创作。

1.远大"活楼"——高度标准与集成的住宅产品

"活楼"是远大集团对高度标准化与集成化住宅产品探索的一种尝试（图7-6）。"活楼"模块集成了建筑的结构、围护、设备、内装全系统，实现了很高的工厂化生产完成度，现场吊装、螺栓连接大大缩短工期。"活楼"模块能采用40英尺（12.192m×2.438m×2.591m）标准集装箱运输，可无障碍、

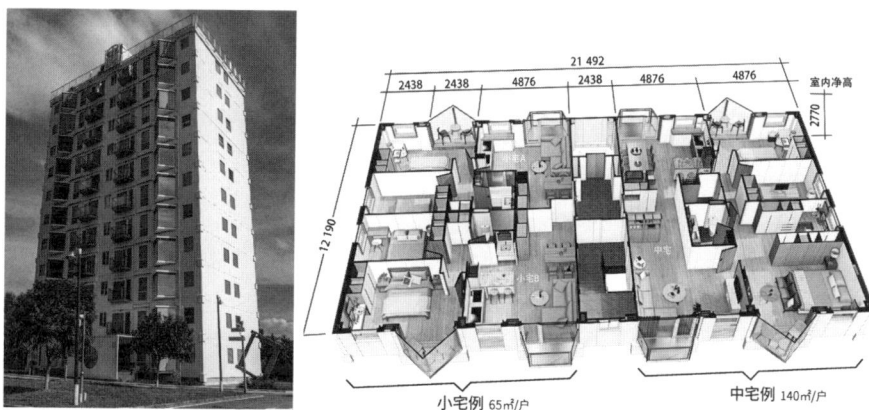

图7-6 远大"活楼"

低成本运至世界各地。

　　"活楼"的标准模块以其开间尺寸（即模块宽度）2438mm为模数，进深（即模块长度）为5mm×2438mm=12 190mm，是40英尺标准集装箱的最大容纳尺寸，层高统一为3000mm，垂直交通的楼电梯模块也采用同样尺寸。组合后的户型面宽可以是2438mm的整数倍。南北墙面的凸窗和阳台超出模块长度的部分，采用旋转折叠的方式收纳到标准模块内部，以保证运输过程中模块为2438mm×12 190mm×3000mm的标准长方体。这样的设计可大大提高运输效率，降低运输成本，同时又能让建筑功能和造型丰富起来。

　　可以看出，"活楼"模块的标准化和集成度都非常高，且两者相辅相成：空间尺寸高度的标准化，使各子系统（结构、围护、设备、内装）的产品规格都能达到最少化，从而最大限度地集成到同一规格的模块中，并在生产、销售、运输、建造、后期管理、更新的各个环节都能实现高效率运转（图7-7）。各种小型部品、子系统部品通过系统集成汇集为大型部品、部件，建筑产品的集成度越高，完成度就越高。这种高度标准化与集成化的住宅不仅建造时间大大缩短，品质也因为工厂生产而得到大幅提高。

图7-7 远大"活楼"的吊装与运输

"活楼"以2438mm×12 190mm×3000mm的标准模块为"积木"，可以组合产生中低层、高层、超高层等一系列楼型（图7-8），能适应多种密度的城市住宅建设。

　　但另一方面，越是集成度高的模块化产品，其专用性也就越突出。从这个角度而言，"活楼"可以被认为是一套典型的专用体系产品，其所有构件及材料都只能在这套产品系统内匹配使用，难以普遍兼容。对市场和产业链而言，"活楼"更像是一套定制化产品，存在通用性和互换性方面的不足。

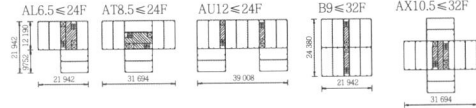

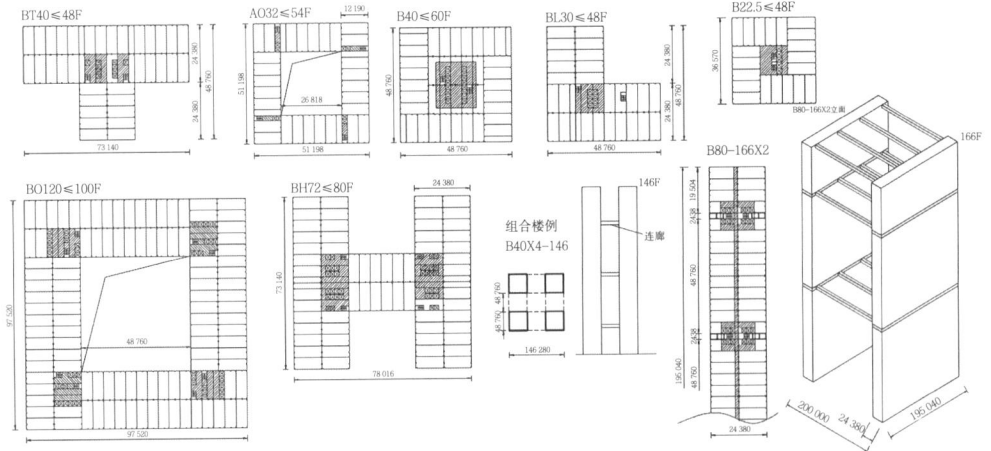

图7-8　远大"活楼"的应用系列

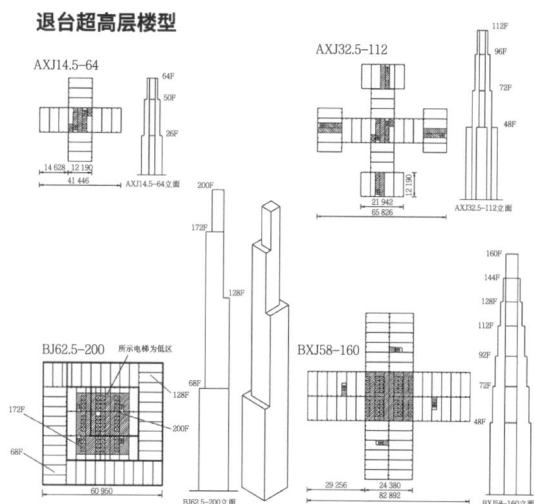

退台超高层楼型

AXJ14.5-64

AXJ32.5-112

BJ62.5-200

BXJ58-160

图7-8　远大"活楼"的应用系列（续图）

2．迈阿密谷医院——以"人性化"为核心的内装集成设计

　　迈阿密谷医院（图7-9）位于美国俄亥俄州西南部，其新建的住院楼采用了以"人性化"为核心的内装集成设计，是医院与整个社区的新地标性建筑。从这个案例中，可以考察和学习建筑师是如何在装配式技术框架下，巧妙地解决好形态、空间、功能等建筑设计问题。

　　首先，考察病房的优化功能。传统住院楼的常规病房多为矩形房间，有卫生间靠里、靠外两种布置方式。设计师从患者体验和医护效率出发，对传统病房进行了以下几个方面的优化。

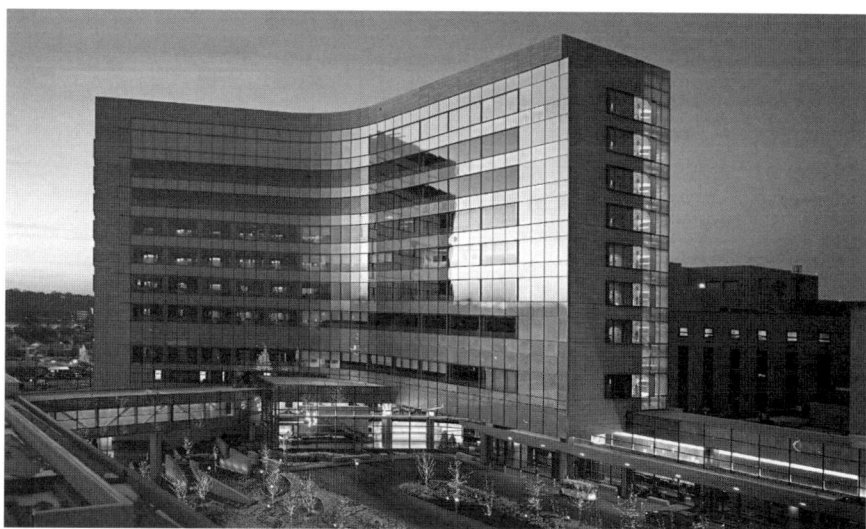

图7-9　迈阿密谷医院

（1）传统病房的患者躺着床上时，正对着对面墙的电视，想看窗外就需要扭头或扭转身体。迈阿密谷医院的建筑师巧妙地将墙向窗的方向转了一个角度，使患者在床上不用转头或扭转身体，就能同时看到窗外的景色和对面的电视（图7-10）。

（2）传统病房卫生间的布置方式，使患者如厕比较迂回，同时医护人员在走廊上很难看到病床上患者的情况；而优化后的病房使患者如厕更方便，同时卫生间的位置巧妙地让出了从病房门到病床的视线通道，从而极大方便了医护观察（图7-11）。

（3）传统病房的空间格局使病床进出需要回转比较大的角度来掉头，而

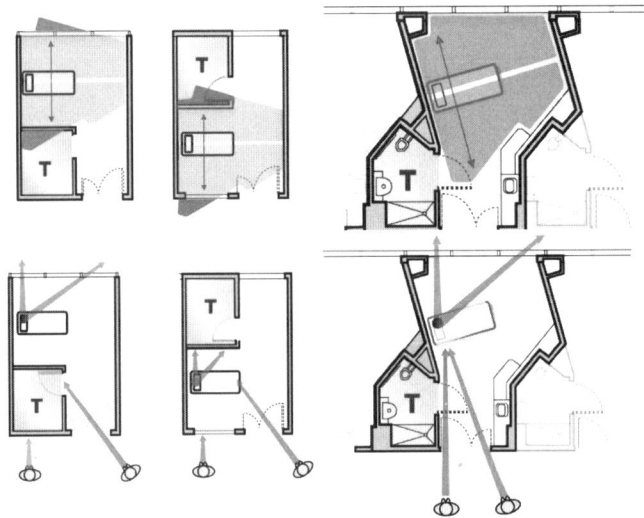

图7-10 迈阿密谷医院的病房平面人性化设计（一）

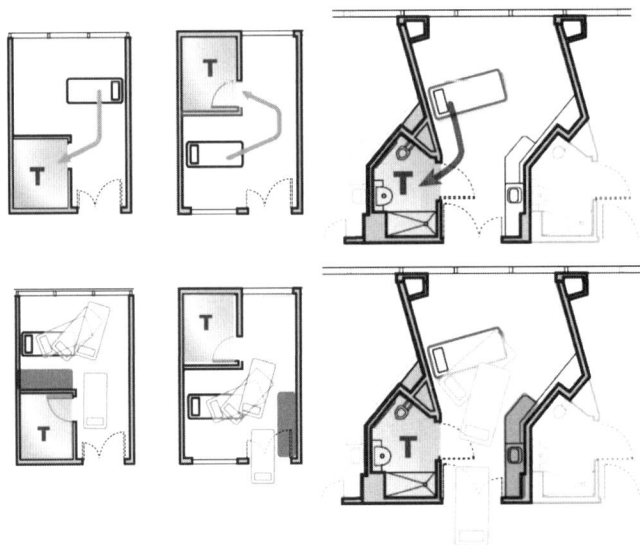

图7-11 迈阿密谷医院的病房平面人性化设计（二）

优化后病房的空间使病床的进出更便捷了（图7-11）。

其次，考察这种异形病房的平面组合。如图7-12所示为迈阿密谷医院的病房标准层平面组合。可以看出，病房的形状像拼图一样巧妙拼合起来，组成规整的形状，走廊也是笔直的，空间利用效率非常高。

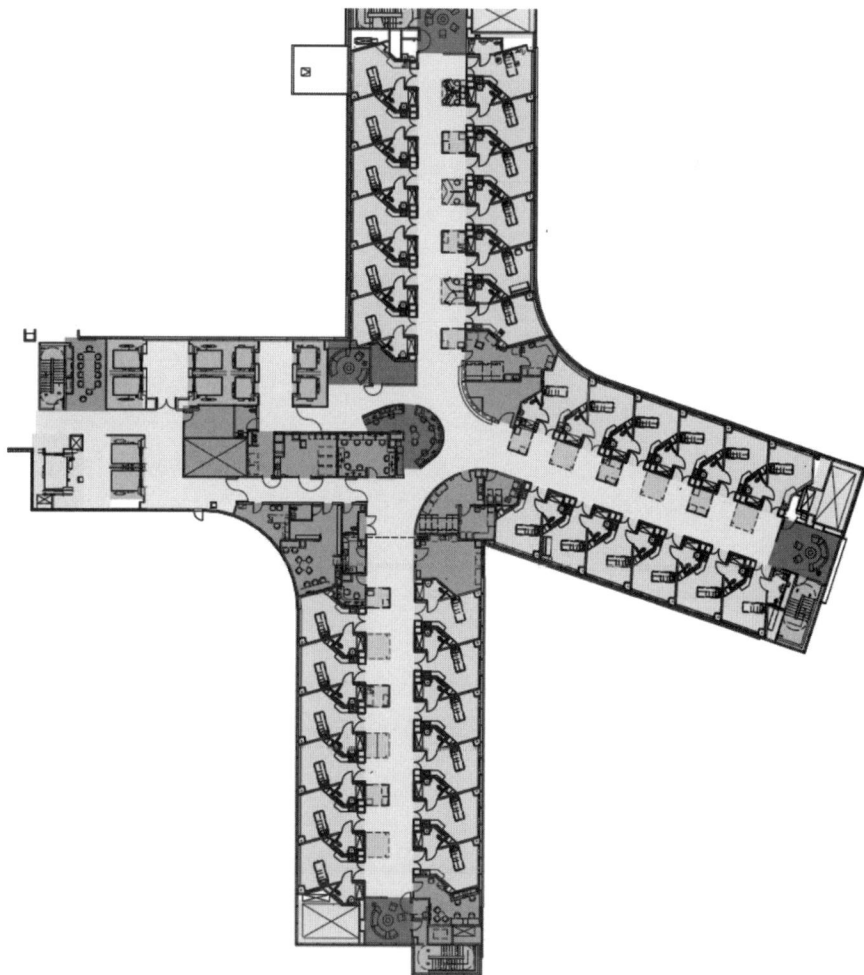

图7-12　迈阿密谷医院的病房标准层平面组合

最后，考察这种异形病房的建造、运输及安装。显然，以传统建造方式建造如此异形的房间，无论是土建还是装修施工，难度都很大。而装配式建造以集成和模块化的方式提供了高效的解决方案。设计师巧妙地将卫生间与隔墙集成为一个标准模块（图7-13），并用这个模块分隔组合成两列病房。集成卫生间是成熟产品，而隔墙中集成了医疗设备、储物家具和娱乐设施，从而将现场建造的难度转移到工厂生产中。对于工厂制造来说，流水线生产的优势就很明显了，所有的设施设备的安装和装修都可以达到非常高的完成

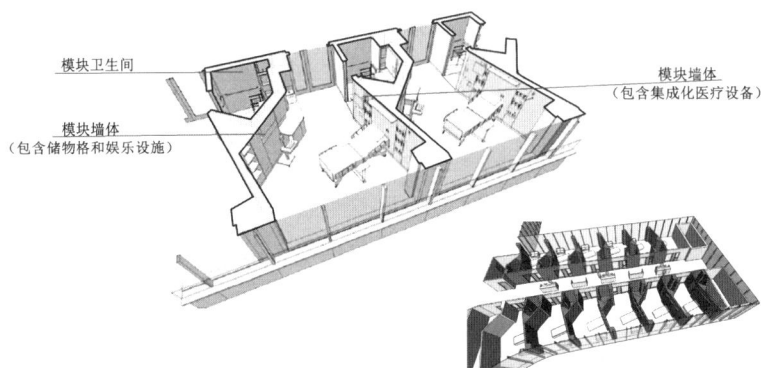

图7-13 迈阿密谷医院的病房——内装模块集成

度。迈阿密谷医院使用的模块采用轻钢结构加轻质填充体，单个模块的重量比较轻，对生产和转运都非常有利。

模块的尺寸也充分考虑了运输效率问题。针对两种不同长度的货车，模块都能达到比较高的装载效率（图7-14）。

住院楼的主体是钢框架结构，模块在主体搭建完成后进行吊装，因此模块生产和主体建造可以工期同步，从而大大缩短了建造周期（图7-15）。

从这个案例可以看出，建筑师充分发挥了系统集成装配式优势，在建筑功能、形态、空间上结合工厂制造进行了一系列创造性的设计，实现了建筑在建造和使用上的充分优化，是一个优秀的装配式建筑设计作品。

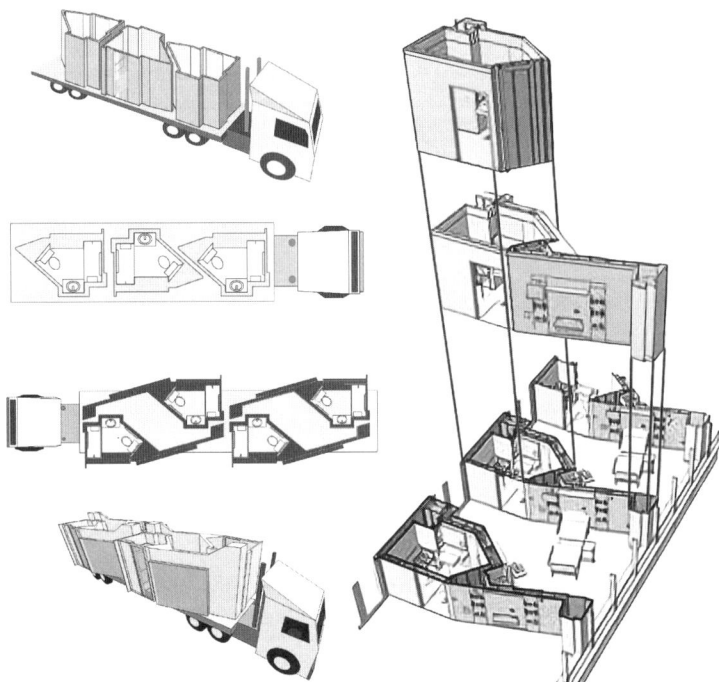

图7-14 迈阿密谷医院的病房——内装模块运输

82

图7-15 迈阿密谷医院的病房——内装模块安装

3．松赞来古山居酒店——巧妙的内装模块集成设计

松赞来古山居酒店（图7-16）位于西藏昌都市八宿县。本案例的模块集成设计思路很有启发性。建筑师的一般思维是以空间（房间）拆分为先，对设备、设施、生产、运输的综合考量在其后。而松赞来古山居酒店的客房模块打破了房间概念，从运输尺寸控制和设施设备集成的角度设计出A、B、C三种模块，且形态、尺寸完全一致，实现了高度集成。三种模块可搭配组合出多种房型，以满足客房房型配置需求（图7-17、图7-18）。

集成设计是装配式建筑设计的关键环节，建筑师需要突破设计思维惯性，充分发挥装配式的技术优势，将建筑功能、形态、空间与设备、内装、建造进行巧妙集成，并结合工厂制造和运输条件，实现建筑在建造和使用上的优化解决方案。

图7-16 松赞来古山居酒店

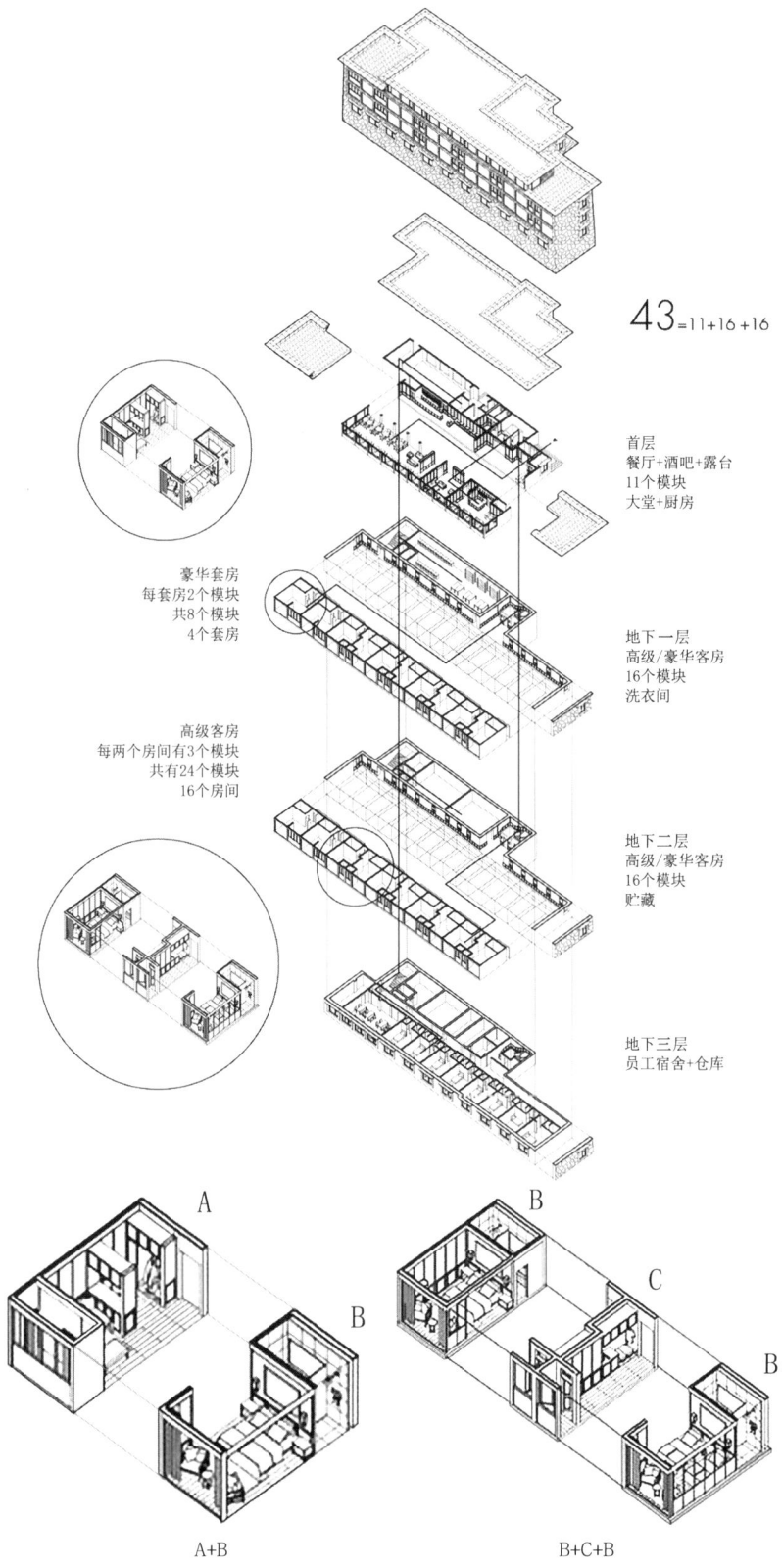

$43 = 11 + 16 + 16$

首层
餐厅+酒吧+露台
11个模块
大堂+厨房

豪华套房
每套房2个模块
共8个模块
4个套房

地下一层
高级/豪华客房
16个模块
洗衣间

高级客房
每两个房间有3个模块
共有24个模块
16个房间

地下二层
高级/豪华客房
16个模块
贮藏

地下三层
员工宿舍+仓库

A

B

A+B

B

C

B

B+C+B

图7-17　松赞来古山居酒店的内装模块

图7-18　松赞来古山居酒店内装模块的运输与安装

本章回顾

本章探讨了装配式内装的典型部品，包括墙体与墙面部品、地面部品、吊顶部品，以及集成厨卫和整体式收纳部品，并结合案例对标准化、空间适应性、部品模块化、集成化等方面的建筑设计问题进行了探讨。

思考题与练习题

1. 装配式内装系统由哪几部分构成？
2. 举例说明你所熟悉几种的典型集成内装部品。
3. 找一个以内装集成为核心要素的装配式建筑案例，分析讨论它是如何集成并以此展开建筑设计的。

第 8 章

装配式建筑的结构适用性

【**本章导读**】深入探讨并理解装配式建筑的"结构类型"与"结构体系"这两个核心概念可以帮助建筑师做好设计。它们不仅影响设计决策、施工效率，还直接关系到建筑成本和工期，同时也是实现建筑可持续发展目标的关键。本章详细介绍了不同类型的装配式结构，包括装配式混凝土结构、装配式钢结构、装配式木结构、装配式混合结构及其他装配式结构，揭示了如何根据不同建筑需求选择合适的结构类型，以及如何优化结构体系以提升建筑性能和经济效益。

8.1 结构概述

对于建筑设计师而言，了解装配式建筑的"结构类型"与"结构体系"这两个概念至关重要。对这两个概念的深入理解，首先可以帮助建筑师作出更合理的设计决策，优化施工过程，提高建筑质量和性能；其次有助于有效地控制成本和缩短工期，实现可持续发展的建筑目标；最后还有助于发挥建筑师的设计龙头作用，使之与结构专业人员开展设计协同和设计沟通更顺畅、更高效。

这两个概念对于建筑设计如此重要，而要理解它们就首先需要区分它们的关系。装配式建筑"结构类型"与"结构体系"是两个相互关联但又有所区别的概念。结构类型是指建筑整体的构造方式，它定义了建筑的基本构造特征和材料使用；结构体系则是指在特定结构类型下，建筑构件的具体连接和支撑方式，其更侧重于建筑的力学性能和施工方法。

1．结构类型

从现行装配式建筑领域技术标准来看，通常按主材将结构类型分为三类，即装配式混凝土结构、装配式钢结构和装配式木结构。为了更容易通过使用的材料进行结构类型划分，本书将结构类型划分为五类，即装配式混凝土结构、装配式钢结构、装配式木结构、装配式混合结构和其他装配式结构。

为了更形象地理解这几种结构类型，本章抛开结构概念定义的说法，采用通俗易懂的方式来介绍这几种不同的"积木"类型，以及它们是如何拼装的。每种结构类型都有其独特的优点和适用的地方，建筑师可以根据建筑的需求和特点，选择最合适的"积木"来搭建。装配式建筑的魅力就在于它的灵活性和多样性，可以让建筑既牢固又美观。总的来说，装配式结构就像是用乐高积木搭建建筑，可以创造各种有趣的建筑形状，这就像是给建筑行业带来了一种新的魔法，让建筑变得更加高效、绿色和环保。

2．结构体系

结构体系是指结构抵抗外部作用的构件组成方式。为了更通俗地理解结构体系，可以将其比作建筑的"骨架"。这副骨架是由各种材料，比如钢材、混凝土、木材等，按照一定的方式组合起来的。它的任务就是支撑起整个建筑，使之能够稳稳地站在地上，抵抗风吹、雨打，甚至是地震。结构体系的"骨架"就是建筑的柱子、梁和桁架等，它们就像是人体的骨骼，支撑起整个建筑的重量。在结构体系中，各个构件之间的连接点就像是人体的关节，它们允许建筑在受到外力时有一定的变形能力。

装配式建筑可根据建筑功能、建筑高度、抗震设防烈度等选择合适的结构体系。按受力分类的常见结构体系有框架结构体系、框架—支撑结构体系、剪力墙结构体系、框架—剪力墙结构体系、框架—核心筒结构体系、交错桁架结构体系等。相同的结构体系因采用的材料不同而进行不同命名，例如对于框架结构而言，当采用混凝土材料时称为装配式混凝土框架结构，当采用钢材时称为装配式钢框架结构。结构体系的规定可以参考现行技术标准《装配式混凝土结构技术规程》JGJ 1—2014，每一类结构体系都对应给出了房屋最大适用高度，便于在建筑设计时选择合适的结构体系。

3．结构类型与结构体系

每种结构类型都可以有多种不同的结构体系，这些体系根据构件的预制程度、连接方式、施工技术等因素有所不同。为了更系统地了解结构类型与结构体系，可将二者融合在一张图中表达，如图8-1所示。

结构体系是在特定的结构类型基础上，对结构构件如何预制、运输、安装和连接的具体实施方式。结构类型的选择决定了建筑的基本构造特征，而

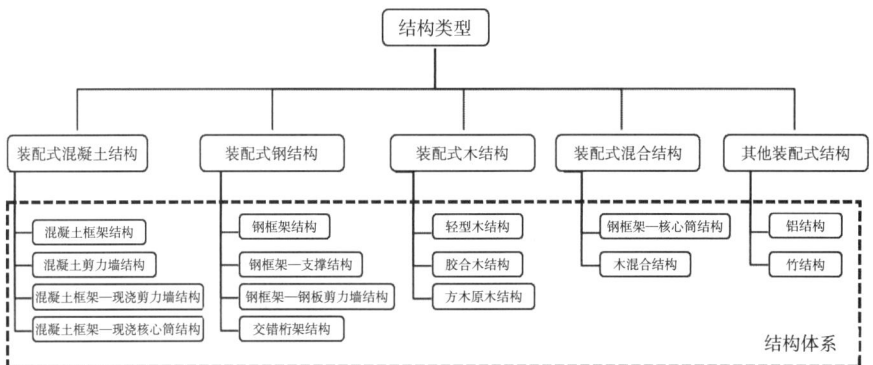

图8-1　结构类型与结构体系关系图

结构体系的选择则影响建筑的施工效率、成本控制和最终的建筑性能。理解结构类型与结构体系的关系和异同，有助于在设计和施工装配式建筑时，作出更合适的决策，以达到预期的性能和经济效益。

8.2 装配式混凝土结构

装配式混凝土结构是一种由预制混凝土构件或部件通过可靠的连接方式装配而成的混凝土结构。这种结构的主要受力构件均采用预制混凝土构件，预制构件在工厂进行预制，运输至工地上进行装配和连接，最终形成整体受力的结构。

该结构类型适用于6~8度抗震设防区，其在当前的工程领域占据主导，使用最为广泛，占比也最大。将装配式混凝土结构的建造过程想象为组装乐高积木一样，在工厂里，工人把混凝土变成一块块形状各异的"积木"，这些就是建筑的剪力墙、柱、梁、板和楼梯。每块"积木"都被精心制作，确保它们既结实又精确。然后它们被运到建筑工地，工人把它们像拼乐高一样，一块块完美地拼在一起。这些"积木"在工地上的拼装速度超级快，而不是像传统建筑那样在现场慢慢浇筑混凝土。图8-2形象地表达了以上"搭积木"的方式建造房屋的过程。

虽然这些"积木"是预制的，但它们非常结实，而且在拼接点可通过现浇湿作业方式进行连接，就像是用"超级胶水"黏合在一起，能够支撑起整个建筑的重量，让建筑稳固如山。装配式建筑还有一个优点，那就是它很环保。由于大部分工作都在工厂里完成，因而减少了建筑工地的噪声和灰尘，有助于在施工期保护周围的环境。此外，这些"积木"还有一个特点就是非常灵活，可以根据建筑师的创意，拼出各种各样的建筑形状，就像是用乐高积木搭建出一个个独特的建筑模型。

按受力分类，装配式混凝土结构可分为装配式混凝土框架结构、装配式混凝土剪力墙结构、装配式混凝土框架—现浇剪力墙结构、装配式混凝土框架—现浇核心筒结构等。

图8-2 "搭积木"的方式建造房屋（图片来源：AI文生图）

1. 装配式混凝土框架结构

装配式混凝土框架结构是一种常见的结构体系，是指全部或主要部分框架梁、框架柱、楼板等采用预制混凝土构件装配而成的结构，主要应用于空间要求较大的建筑，如学校、医院、办公楼、商场等。预制构件主要包括预制柱、预制梁、预制楼板等。典型的装配式混凝土框架结构及梁柱连接如图8-3所示。

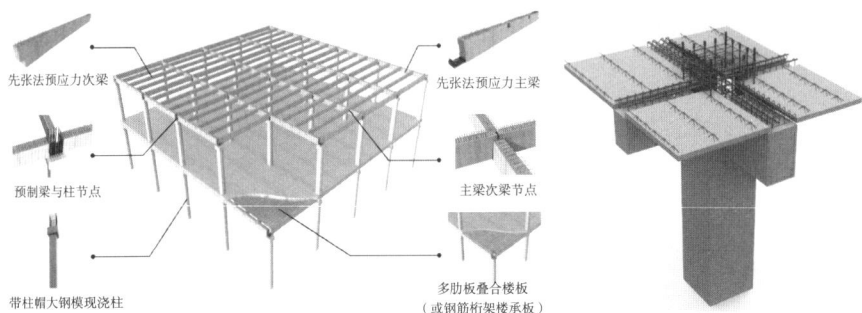

先张法预应力次梁
先张法预应力主梁
预制梁与柱节点
主梁次梁节点
带柱帽大钢模现浇柱
多肋板叠合楼板
（或钢筋桁架楼承板）

图8-3　装配式混凝土框架结构及连接示意图

2．装配式混凝土剪力墙结构

装配式混凝土剪力墙结构是指由全部或部分剪力墙采用预制墙板构建而成的装配式混凝土结构，其特点是具有同现浇剪力墙结构相似的空间刚度、整体性、承载能力和变形性能。其中，装配整体式剪力墙结构是近年来我国装配式住宅建筑中应用最多、发展最快的结构体系，且技术最成熟、应用最广泛，主要适用于抗震设防烈度为6~8度区的多高层住宅建筑。典型的装配式混凝土剪力墙结构布置如图8-4所示。

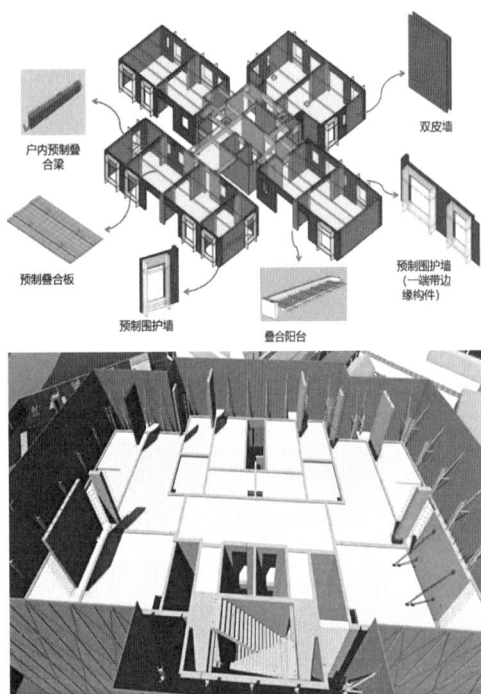

户内预制叠合梁
双皮墙
预制叠合板
预制围护墙（一端带边缘构件）
预制围护墙
叠合阳台

图8-4　装配式混凝土剪力墙结构示意图

3．装配式混凝土框架—现浇剪力墙结构

装配式混凝土框架—现浇剪力墙结构是指由装配式框架结构和现浇剪力墙组合而成的装配式混凝土结构，其结合了预制混凝土框架和现浇混凝土剪力墙的优点，与装配式混凝土剪力墙结构相比，空间布置更灵活，通过设置局部框架形成较大建筑空间，提升建筑品质；同时又具有良好的抗震性能，剪力墙为第一道抗震防线，预制框架为第二道抗震防线。常用于办公、酒店类建筑是一种高效、经济且具备优良抗震性能的结构。

4.装配式混凝土框架—现浇核心筒结构

装配式混凝土框架—现浇核心筒结构是由预制混凝土框架与现浇钢筋混凝土核心筒组合而成的混合结构体系。该体系融合了装配式框架的高效施工优势和核心筒整体现浇的强抗侧性能，相较于纯装配式剪力墙结构，其核心筒作为竖向交通与设备集中区，可集约化现浇成型，外围框架通过预制梁柱模块化拼装，实现大跨度无柱空间布局，显著提升商业、住宅等建筑的功能适应性；抗震设计上，核心筒作为第一道抗震防线承担主要水平力，预制框架作为第二道防线协同耗能，形成"双重防御"机制，兼具施工效率与经济性，尤其适用于高层写字楼、综合体等对空间灵活性与抗震可靠性要求较高的建筑类型。

8.3 装配式钢结构

装配式钢结构建筑是指主体结构系统主要由钢部件构成的建筑。与传统钢结构建筑相比，装配式钢结构建筑更强调预制部品、部件集成化，不仅主体结构系统采用装配式建造技术，其他系统（如外围护系统、内装系统、设备与管线系统等）也应采用装配式建造技术。装配式钢结构建筑更加注重标准化设计，强调钢结构构件的标准化、精细化，连接节点的通用性与便利性。

首先，钢结构强度高、质量轻、抗震性能优越，适用于6度~9度抗震设防区，市场占有率居第二位，具有装配式混凝土结构无法比拟的优势，未来的应用前景很广阔，更契合装配式建筑的发展理念。其次，钢结构建造速度快，钢柱、钢梁和钢桁架构件在工厂加工完成，运输到现场进行装配，连接是采用螺栓连接或焊接，比起混凝土采用的现浇湿作业节点连接方式更高效。此外，钢结构可回收循环使用，绿色环保，当建筑的寿命结束时，钢构件被回收再利用，减少了建筑垃圾。钢结构更适用于大空间大跨度功能需求，空间设计更加灵活多变。但装配式钢结构建筑也有局限性和缺点，钢构件需要做防火、防腐措施，需定期进行维护，增大运营成本。

按受力分类，装配式钢结构分为钢框架结构、钢框架—支撑结构、钢框架—钢板剪力墙结构、交错桁架结构等。此外，装配式钢结构还包含一些新型装配式钢结构，比如隐式钢框架—支撑结构体系、钢管束组合剪力墙结构体系等。

1.钢框架结构

钢框架结构是钢梁和钢柱通过刚性或半刚性连接而成的结构体系，其主要受力构件是框架梁和框架柱，它们共同作用抵抗竖向和水平荷载。通常，钢柱内可填充混凝土以增强抗侧刚度和竖向承载力。钢框架梁有I形、H形和箱形梁等种类，钢框架柱有H形、空心圆钢管或方钢管柱、方钢管混凝土柱等种类。钢框架结构多用于多层民用建筑中，如办公楼、商场、停车场、医院、宾馆、学校、会议展览中心等。图8-5所示为某钢框架结构的施工过程。

图8-5 某钢框架结构的施工过程

2．钢框架—支撑结构

钢框架—支撑结构是在钢框架结构的基础上，通过在部分框架柱之间设置支撑来提高结构承载力及侧向刚度而形成的结构。其中，钢框架主要承受竖向荷载，钢支撑则承担水平荷载，从而形成双重抗侧力的结构体系。支撑的类型可分为中心支撑和偏心支撑，钢支撑可采用角钢、槽钢和圆钢等，主要用途是增加结构的抗侧刚度。支撑体系包括人字形、十字交叉等中心支撑形式和门架式、单斜杆和V形等偏心支撑形式。支撑的布置方式如图8-6所示。钢框架—支撑结构建筑的适用高度比框架结构更高，多用于高层及超高层办公、酒店、商务楼、综合楼等建筑。

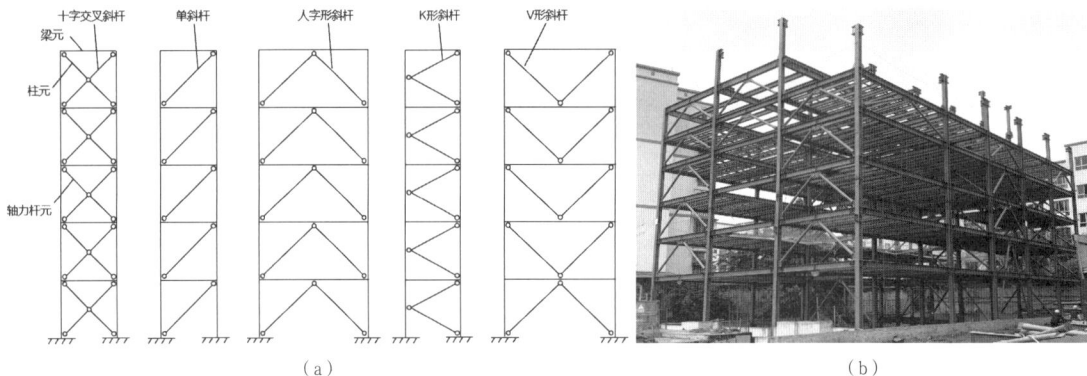

（a）　　　　　　　　　　　　　　　　（b）

图8-6 支撑布置示意图

3．钢框架—钢板剪力墙结构

钢框架—钢板剪力墙结构是以钢框架结构为基础，沿其柱网的两个方向布置一定数量的钢板剪力墙而形成的结构。钢框架—钢板剪力墙结构的抗震性能较好，适用于高层及超高层办公、酒店、商务楼、综合楼等建筑。因采用钢板组合剪力墙，故其主体结构装配化程度较高。例如某办公楼项目采用钢框架—钢板组合剪力墙结构体系，结构构件全部由工厂化生产及现场装配化施工，项目装配率达到92%，其结构平面布置如图8-7所示。

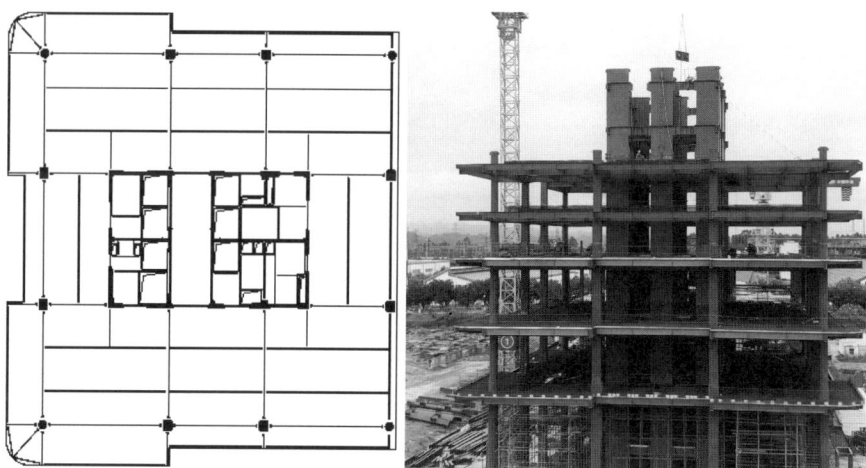

图8-7　钢框架—钢板剪力墙结构

4．交错桁架结构

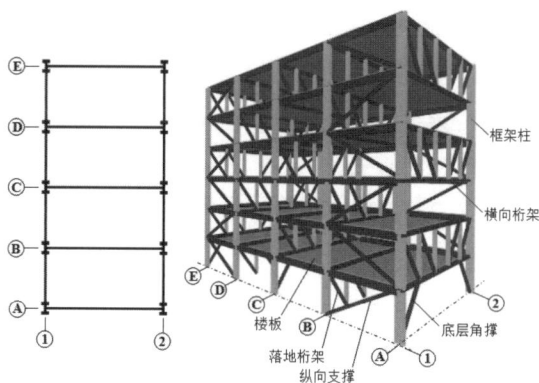

图8-8　交错桁架结构布置图

交错桁架结构由框架柱、平面桁架和楼板组成，其中框架柱布置在房屋外围，中间无柱；桁架在两个垂直方向上相邻上下层交错布置。交错桁架结构具有很多优点：可获得两倍柱距的大开间，在建筑上便于自由布置；在结构上采用小柱距和短跨楼板，可减小楼板的板厚；由于没有梁，可节约层高。交错桁架结构适用于公寓、旅馆、宿舍楼、医院等建筑平面比较规则的多高层建筑。典型的交错桁架结构布置如图8-8所示。交错桁架结构和钢框架结构、钢框架—支撑结构可以混合使用，以满足有特定需求的建筑。

木结构适用于6~9度抗震设防区，具有抗震性能优越，施工便捷，绿色环保的优点。木结构设计灵活轻巧。常见的装配式木结构按结构材料不同可以分为轻型木结构、胶合木结构、方木原木结构和木混合结构4种类型。轻型木结构是指主要采用规格材及木基结构板材支座的木框架、木楼盖和木屋盖系统构成的单层或多层建筑。胶合木结构是指用胶粘方法将木料或木料与胶合板拼接成尺寸与形状符合要求而又具有整体木材效能的构件和结构。方木原木结构是指承重构件主要采用方木或者原木支座的单层或多层建筑。木混合结构是指以木结构作为楼盖或屋盖，并在其他材料结构中组合使用的混合结构，该类型也可以归集于装配式混合结构。传统木结构建筑如图8-9所示。

(a)

(b)

(c)

(d)

图8-9 典型的木结构形式
（a）轻型木结构；（b）胶合木结构；（c）穿斗式木结构；（d）抬梁式木结构

装配式混合结构可以结合当地建材和建筑功能的需求，选择最适合的材料和施工方式，把不同的材料组合在一起，例如钢筋混凝土柱子、钢梁和混凝土楼板组合，让每种材料都能发挥自己的长处。

常见的结构类型是钢结构和混凝土结构的组合。例如钢框架—核心筒结构体系，即框架部分采用钢结构、核心筒采用钢筋混凝土结构进行组合。其中，内部核心筒主要承担水平荷载，外部钢框架则主要承担竖向荷载。该体系抗侧刚度较大，稳定性较好，且具有良好的空间性能，故被广泛应用在高层、超高层建筑。图8-10所示为某高层钢框架—核心筒结构布置示意图。

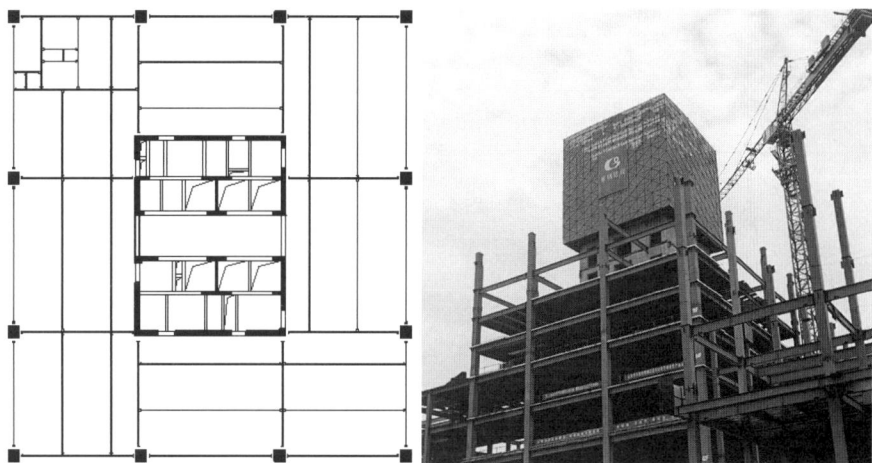

图8-10　某高层钢框架—核心筒结构布置示意图

8.6 其他装配式结构

其他装配式结构是指采用除前述混凝土、钢材和木材之外的结构类型。这类结构在工程应用中占比不大，一般在一些特殊造型、特殊用途的建筑中有所展现，包括竹结构、铝结构、其他复合材料结构等。

以竹结构为例。所谓竹结构，是指梁、柱、楼盖、屋盖等主要结构构件的材料完全采用标准化生产的竹制产品制作，构件之间的连接节点采用金属连接件进行连接。可以把竹子想象成自然界的"绿色钢铁"。竹子轻盈美观、生长迅速，是一种低碳环保的材料。用竹子搭建的建筑，就像是把自然带进了城市，给人清新亲切的感受。竹结构又包括圆竹结构、胶合竹结构和重组竹结构等。典型的竹结构形式如图8-11所示。

图8-11　典型的竹结构形式

本章回顾

本章厘清了装配式建筑的"结构类型"与"结构体系"这两个概念，探讨了从混凝土到钢结构，再到木结构和混合结构的多样化构成，了解了不同结构体系的适用性，以及如何根据不同建筑需求进行结构体系选用。认识结构体系对于优化设计决策、提升建筑性能、控制成本和缩短工期的重要性。

思考题与练习题

1. 考虑到装配式建筑的结构类型对建筑性能、成本和施工周期的影响，请分析在选择装配式混凝土结构、装配式钢结构、装配式木结构或装配式混合结构时，应考虑哪些关键因素？

2. 结构体系的设计直接影响建筑的力学性能和施工方法。请探讨在装配式建筑中，如何通过优化结构体系来提高施工效率和降低成本？

3. 请举例说明不同结构体系（如框架结构、剪力墙结构、框架—核心筒结构）在实际工程中的应用及其优缺点。

4. 装配式建筑被视为实现建筑业可持续发展的重要途径。请基于本章内容，提出几点策略，说明如何通过装配式建筑的结构设计和施工方法，促进建筑业的环保和节能？同时，讨论这些策略在实施过程中可能遇到的挑战及其解决方案。

第 9 章

结构部件的拆分与连接

【本章导读】装配式建筑从施工的角度来讲，就是把传统建造方式中的大量现场作业工作转移到工厂进行，在工厂加工制作好结构部件和配件（如楼板、墙板、楼梯、梁、柱等），然后运输到建筑施工现场，通过可靠的连接方式在现场装配安装而成。因此，结构部件的拆分与连接对于装配式建筑是非常重要的，它对于装配式建筑的结构安全、结构受力状况、构件承载能力，以及部件生产、运输、安装和工程造价等都会产生重大影响。

对于常见的三种装配式结构（装配式混凝土结构、装配式钢结构、装配式木结构），由于结构材料的不同，其拆分与连接也各有其自身特点。

9.1 概述

1．装配式混凝土结构部件的拆分与连接

对装配式混凝土结构而言，预制构件的拆分可基于多方面因素：建筑功能性、结构合理性、制作运输安装环节的可行性和便利性。拆分不仅是技术工作，也包含对外部条件的调研和经济性分析。常规的混凝土预制构件拆分见表9-1，如图9-1所示为剪力墙拆分示意图。

装配式混凝土预制构件拆分一览表   表9-1

构件类别	拆分方式
框架柱	按层高拆分为单节柱
框架梁	按柱网拆分为单跨梁
非框架梁	以框架梁间距为单元拆分为单跨梁
剪力墙	扣除边缘构件后的墙身（图9-1中非阴影部分）一般预制
楼板	按单向叠合板或双向叠合板进行拆分；预制底板的宽度不宜超过运输超宽的限制和工厂生产线模台宽度的限制
楼梯	以一跑楼梯为单元进行拆分

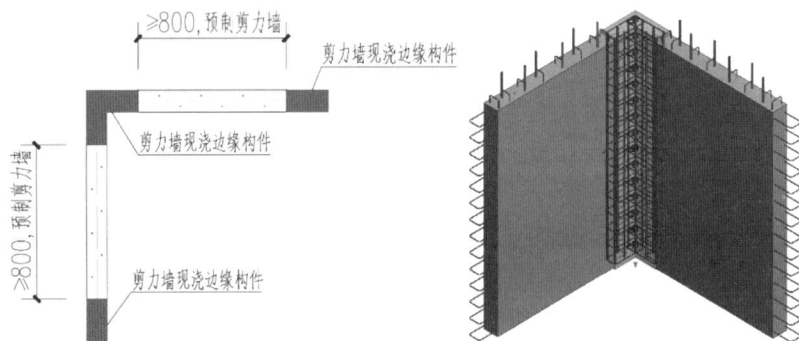

图9-1 剪力墙拆分示意图

对于混凝土材料而言，其可塑性的显著特点导致构件湿法连接比较方便。因此，国内目前混凝土预制构件连接大多采用的是等同现浇的湿法连接（外挂墙板和楼梯除外）。装配式混凝土部件常见连接方式、可连接构件和适用范围见表9-2。

装配式混凝土部件连接方式一览表　　　　　　　　表9-2

类别	连接方式	可连接的构件	适用范围
湿法连接	套筒灌浆连接	柱、墙的纵筋	各种结构体系高层
	浆锚搭接连接	柱、墙的纵筋	房屋高度小于3层或12m的框架结构
	后浇混凝土连接	连接区域或叠合层的混凝土现场浇筑	各种结构体系高层
干法连接	螺栓连接	外挂墙板和楼梯	—
	预应力干式连接	梁、柱、板	—

2．装配式钢结构部件的拆分与连接

装配式钢结构部件有一个很重要的特点，即可焊接性及螺栓连接方便，因此其拆分与连接与装配式混凝土结构大为不同。常规的装配式钢结构构件拆分见表9-3。

装配式钢结构构件拆分一览表　　　　　　　　表9-3

构件类别	拆分方式
框架柱	一般按2～3层进行分段作为一个拆分单元
框架主梁	按柱网拆分为单跨梁
次梁	以主梁间距为单元划分为单跨梁
楼板	桁架钢筋混凝土叠合板的拆分要求同装配式混凝土结构；钢筋桁架楼承板的宽度一般为576mm或600mm，长度可达12m，一般沿楼板短边受力方向连续铺设
楼梯	预制混凝土楼梯的拆分要求同装配式混凝土结构；预制钢楼梯一般为梁式梯，以一跑楼梯作为一个单元进行拆分

钢结构部件常用的连接类型有螺栓连接、焊缝连接和铆钉连接，螺栓连接又分为普通螺栓连接和高强度螺栓连接。

3．装配式木结构部件的拆分与连接

不同于混凝土的整体浇筑及钢结构的可焊接性，木结构具备天然的"拼装属性"，其稳定性三分靠构件，七分靠连接节点。木材不像钢材那样具有可焊性，也不像钢筋混凝土那样可整体浇筑混凝土实现连接。因此，木结构的连接及其计算方法与其他结构有很大不同。木结构的特殊性在于，其承载力往往取决于节点连接。

传统木结构主要是榫卯连接；而现代木结构连接主要依靠连接件和紧固件来实现，主要包括以下几种类型：销钉连接（亦可简称为销连接）、钉连接、螺钉连接、裂环与剪板连接板连接、植筋连接等，其中前三类可统称为销连接，也是现代木结构中最常见的连接形式，具体见表9-4。

现代木结构连接方式一览表   表9-4

连接类型	紧固件形式	适用范围
齿连接	齿、保险螺栓	传统木桁架
销连接	销钉	各类构件
	螺钉	
	六角头木螺钉	
	钉	
齿板连接	齿板	轻型木桁架

9.2 装配式混凝土结构部件的拆分与连接

对装配式混凝土结构而言，预制构件的拆分无法做到随心所欲，预制构件也不能为了安装效率和施工便利而想做多大就做多大，因为存在制作、运输、安装的可行性等诸多问题，受制约的因素很多。

此外，对装配式混凝土结构而言，由于混凝土浇筑整体性的特点，构件湿法连接比较方便。结构部件的可靠连接是装配式建筑结构安全的基本保障。

1．装配式混凝土结构部件的拆分

实现装配式建筑标准化的关键点就体现在对构件的拆分上。预制构件的拆分对建筑功能、建筑平立面、结构受力状况、预制构件承载能力、工程造价等都会产生重大影响。如图9-2所示为结构部件的拆分及运输示意图。

1）结构部件拆分的基本要求
对结构部件的拆分主要应考虑以下几个因素：
（1）受力合理要求：应选择应力较小或变形不集中的部位进行构件拆分；
（2）预制构件制作限制条件：应考虑预制构件生产厂家的起重机效能、

图9-2　结构部件的拆分及运输示意图

模台或生产线尺寸；

（3）预制构件运输限制条件：应考虑交通法限制的运输限高、限宽、限重，以及道路路况；

（4）施工现场起重机械的吊装能力限制条件；

（5）连接和安装施工的要求；

（6）预制构件标准化设计的要求。

这样才能确保装配式结构的稳定性和功能性，最终达到"少规格、多组合"的目的，同时便于施工和维护。

2）框架结构部件拆分

框架柱一般宜按层高拆分为单节柱，以保证柱垂直度的控制调节，简化预制柱的制作、运输及吊装，保证质量。梁柱节点位置现浇时，连接套筒设在柱底。

装配式框架结构中的梁包括框架梁和非框架梁。框架梁宜按柱网拆分为单跨梁，当跨距较小时可拆分为双跨梁；非框架梁以框架梁间距为单元拆分为单跨梁。一般情况下，预制梁可按其跨度在梁端拆分，也可在水平荷载效应较小的梁跨中拆分。

3）剪力墙结构部件拆分

对于装配式剪力墙结构，其边缘构件规范要求现浇。因此对于L形、T形等剪力墙，当墙身长度≥800mm时，扣除边缘构件后的墙身一般预制。

4）楼板拆分

楼板一般按单向叠合板和双向叠合板进行拆分。

拆分为单向叠合板时，楼板沿非受力方向划分，预制底板采用分离式接缝，可在任意位置拼接；拆分为双向叠合板时，预制底板之间采用整体式接缝，接缝位置宜设置在叠合板的次要受力方向上，且该处受力较小，预制底板间宜设置300mm后浇带，以用于预制板底钢筋连接。

预制底板的宽度不宜超过运输超宽的限制和工厂生产线模台宽度的限制。在同一房间内，预制底板应尽量选择等宽拆分，以减少预制底板的类型。

5）楼梯拆分

楼梯宜以一跑楼梯为单元进行拆分（图9-3）。如果预制混凝土楼梯板的重量超出限值，也可以在楼梯梯板中部设置梯梁，将单跑拆分成两段预制。

图9-3　楼梯板的拆分示意图

2．装配式混凝土结构部件的连接

对装配式混凝土结构而言，湿法连接（等同现浇）比较方便，这也是结构安全的最基本保障。

（1）钢筋套筒灌浆连接

钢筋套筒灌浆连接是指在预制混凝土构件中预埋的金属套筒中插入钢筋并灌注水泥基灌浆料而实现的钢筋连接方式（图9-4）。钢筋套筒灌浆连接的

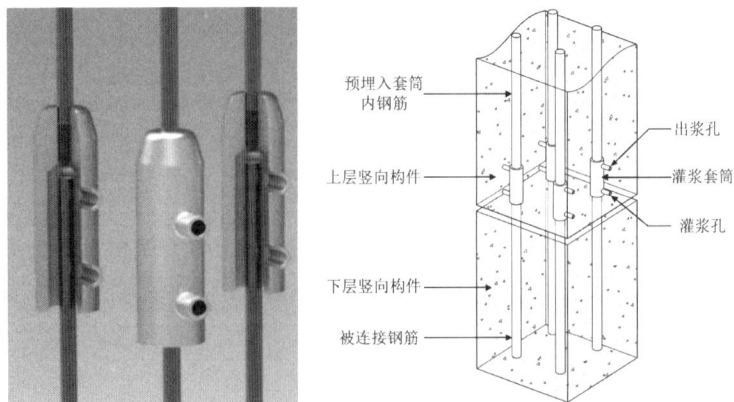

图9-4　套筒灌浆连接示意图

原理是：钢筋从套筒两端开口插入套筒内部，钢筋与套筒之间填充高强度微膨胀结构性灌浆料，借助灌浆料的微膨胀特性并受到套筒的围束作用，增强与钢筋、套筒之间的摩擦力，实现钢筋应力传递。

钢筋套筒灌浆连接主要用于装配式混凝土结构的剪力墙、预制柱的纵向受力钢筋的连接，也可用于叠合梁等后浇部位的纵向钢筋连接（图9-5、图9-6）。

图9-5　预制柱纵筋套筒灌浆连接示意图

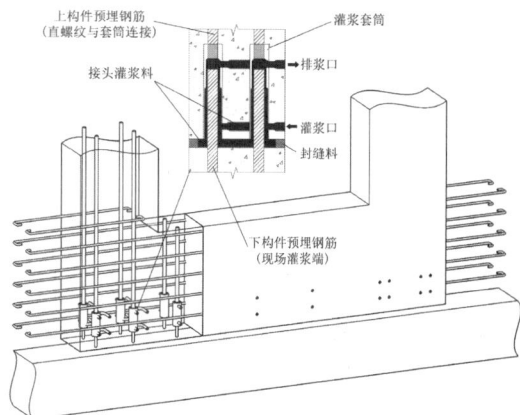

图9-6　预制剪力墙纵筋套筒灌浆连接示意图

（2）浆锚搭接连接

浆锚搭接连接是指在预制混凝土构件中采用特殊工艺制成的孔道中插入需搭接的钢筋，并灌注水泥基灌浆料而实现的钢筋搭接连接方式。浆锚搭接连接又可分为金属波纹管浆锚搭接连接（图9-7）和约束浆锚连接（图9-8）两种。

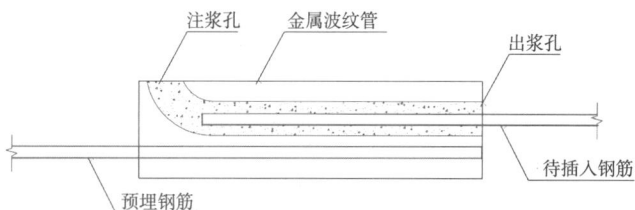

图9-7　金属波纹管浆锚搭接连接示意图

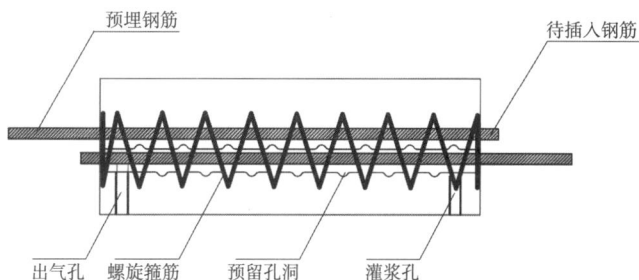

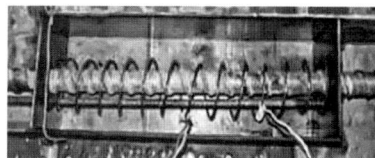

图9-8　约束浆锚连接示意图

《装配式混凝土结构设计规程》JGJ 1—2014中规定：直径大于20mm的钢筋不宜采用浆锚搭接连接；直接承受动力载荷构件的纵向钢筋不应采用浆锚搭接连接；房屋高度大于12m或超过3层时，不宜采用浆锚搭接连接。

（3）后浇混凝土连接

后浇混凝土是指预制构件安装后在预制构件连接区域或叠合层现场浇筑的混凝土。后浇混凝土连接是装配式混凝土结构中非常重要的连接方式。

预制混凝土构件与后浇混凝土的接触面必须做成粗糙面（图9-9）或键槽面（图9-10），或两者兼有，以提高混凝土抗剪能力。

图9-9　粗糙面

图9-10　键槽面

（4）叠合板连接

叠合板中预制板的拼缝方式分为分离式接缝和整体式接缝两类。其中，分离式连接方式适用于单向板之间，整体式接缝连接则主要在双向板之间连接时使用（图9-11、图9-12）

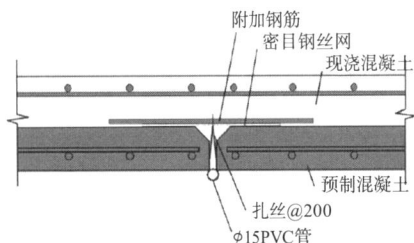

图9-11　分离式接缝连接示意图

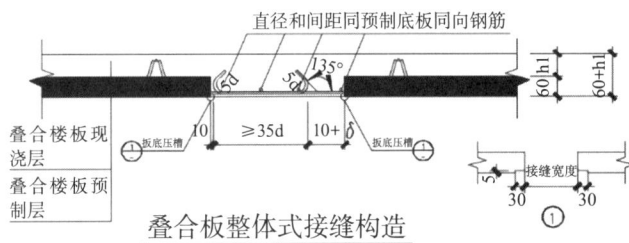

叠合板整体式接缝构造

图9-12　整体式接缝连接示意图

（5）螺栓连接

在装配式混凝土结构中，螺栓连接仅用于外挂墙板和楼梯等非主体结构构件的连接。预制楼梯与支承构件之间宜采用简支连接，其中一端宜设置固定铰，另一端设置滑动铰（图9-13）。

图9-13 楼梯螺栓连接示意图

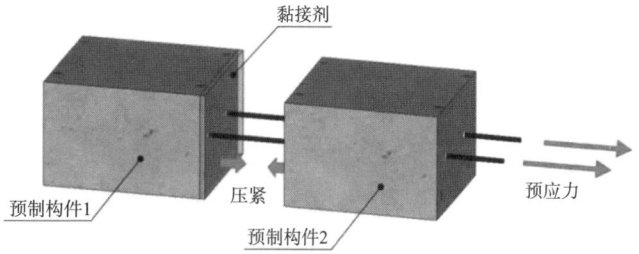

图9-14 预应力干式连接示意图

（6）预应力干式连接

预应力干式连接是指通过预应力将零散的预制混凝土构件牢固地紧压在一起，构件之间为压应力，受力面为整个接触面。即通过张拉预应力筋施加预应力，把预制梁、柱、剪力墙连接成整体。这种连接体系属于干法施工，预应力干式连接示意图如图9-14所示。

对于湿法连接（等同现浇），我国已有成熟的规范和产品应用；对于干法连接，目前仍在研究完善中，尚无明确的相应装配式规范。

9.3 装配式钢结构部件的拆分与连接

相对于装配式混凝土结构而言，装配式钢结构的部件具有可焊接性及螺栓连接方便这一重要特点。因此，装配式钢结构的拆分与连接与装配式混凝土结构大为不同。

1．装配式钢结构部件的拆分

钢构件在工厂的加工拆分原则主要考虑受力合理、运输条件、起重能力、加工制作简单、安装方便等因素；钢结构的楼板、外墙板及楼梯等构件的拆分则应根据构件的种类，遵循受力合理、连接简单、标准化生产、施工高效的原则，在方便加工和节省成本的基础上，确保工程质量。

（1）钢框架柱的拆分

钢框架柱一般按2～3层进行分段作为一个安装单元，分段位置通常设置

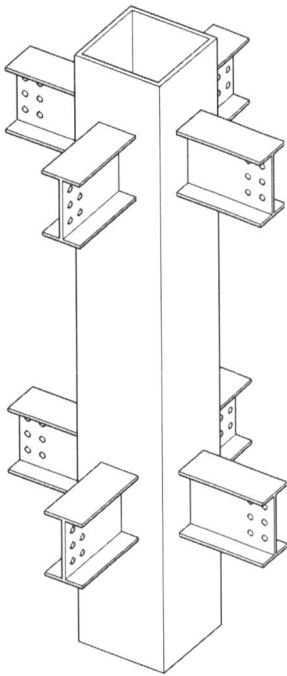

图9-15 带短梁头的柱

在楼层梁顶标高以上1.2～1.3m，以方便现场工人进行柱的拼接。也可在柱边设置悬臂梁段，悬臂梁段与柱之间采用工厂全焊接连接，则柱拆分时是带有短梁头的（图9-15）。这种拆分可将梁柱的节点连接转变为梁与梁的拼接，设计和施工均相对简单。但是，带短梁头的柱在运输、堆放、吊装和定位方面都相对困难一点。

（2）钢梁的拆分

钢梁又可分为钢主梁和钢次梁。钢主梁一般按柱网拆分为单跨梁，钢次梁则以主梁间距为单元划分为单跨梁。

（3）钢结构楼板的拆分

为满足装配式钢结构的要求，钢结构中楼板所用的类型主要有钢筋桁架楼承板（图9-16）和桁架钢筋混凝土叠合板。桁架钢筋混凝土叠合板的拆分要求与装配式混凝土结构中叠合板的要求相同。钢筋桁架楼承板的宽度一般为576mm或600mm，长度可达12m。在设计时，一般沿楼板短边受力方向连续铺设。

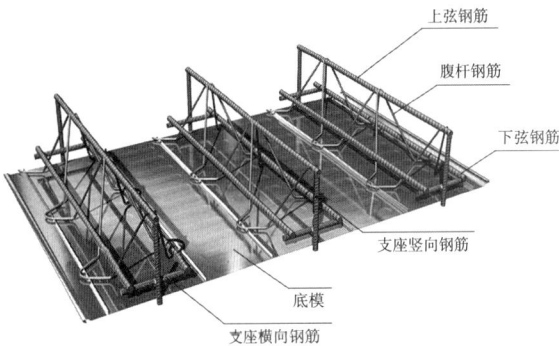

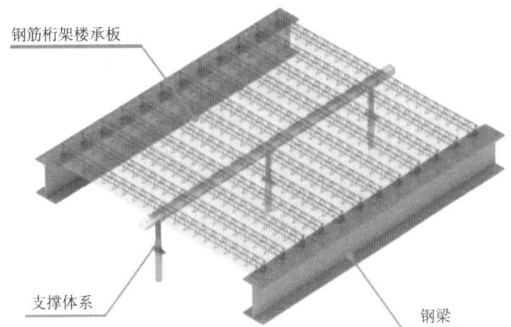

图9-16 钢筋桁架楼承板示意图

（4）钢结构楼梯的拆分

装配式钢结构的楼梯可采用预制钢楼梯或预制混凝土楼梯。预制混凝土楼梯的拆分要求同装配式混凝土结构中的预制楼梯。预制钢楼梯一般为梁式楼梯，通常以一跑楼梯作为一个单元进行拆分。

2．装配式钢结构部件的连接

钢结构部件间常用的连接方式有螺栓连接、焊缝连接和铆钉连接，其中螺栓连接又分为普通螺栓连接和高强度螺栓连接。

（1）钢框架梁柱连接

钢框架梁柱连接可采用带悬臂梁段连接（图9-17）、翼缘焊接腹板栓接或全焊连接形式。

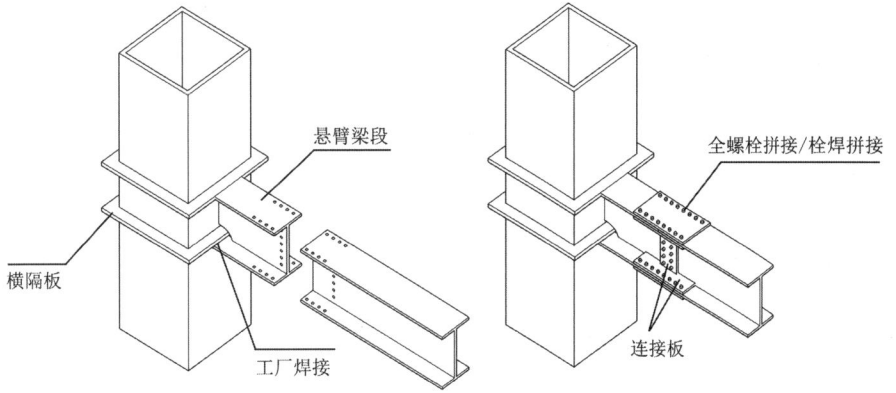

图9-17 带悬臂梁段的连接示意图

（2）钢柱拼接

钢柱的拼接可采用焊接连接或螺栓连接的形式（图9-18、图9-19）。

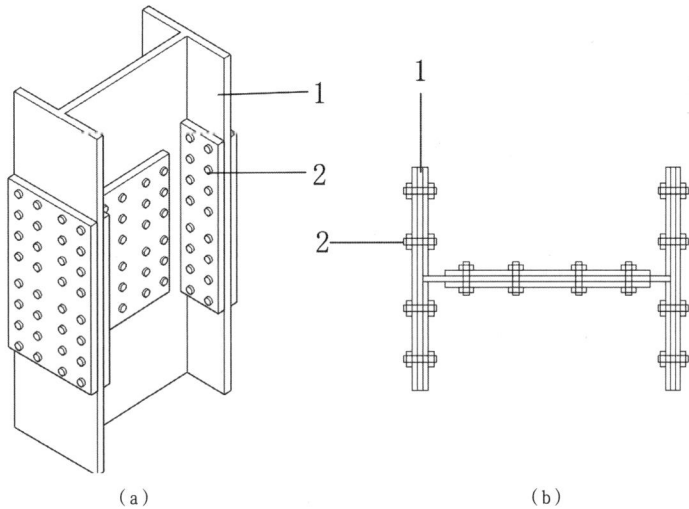

（a）

（b）

图9-18 H型柱的螺栓拼接连接示意图
（a）轴测图；（b）俯视图
1—柱；2—高强螺栓

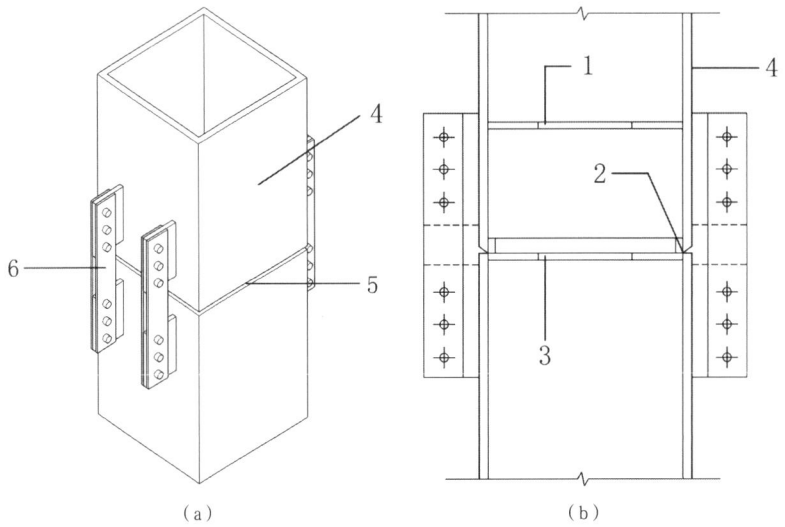

（a）   （b）

图9-19 箱型柱的焊接拼接连接示意图
（a）轴测图；（b）侧视图
1—上柱隔板；2—焊接衬板；3—下柱顶端隔板；4—柱；5—焊缝；6—安装耳板

（3）钢支撑与梁柱的连接

钢支撑采用双角钢或双槽钢组合截面的支撑，一般是通过节点板与梁柱连接，如图9-20（a）所示。侧向刚度要求较高的结构或大型重要结构，则应采用既能抗拉又具有良好抗压性能的H形截面或箱形截面的支撑，而且支撑与梁柱的连接通常借助相同截面的悬伸支撑杆来实现如图9-20（b）、（c）所示。

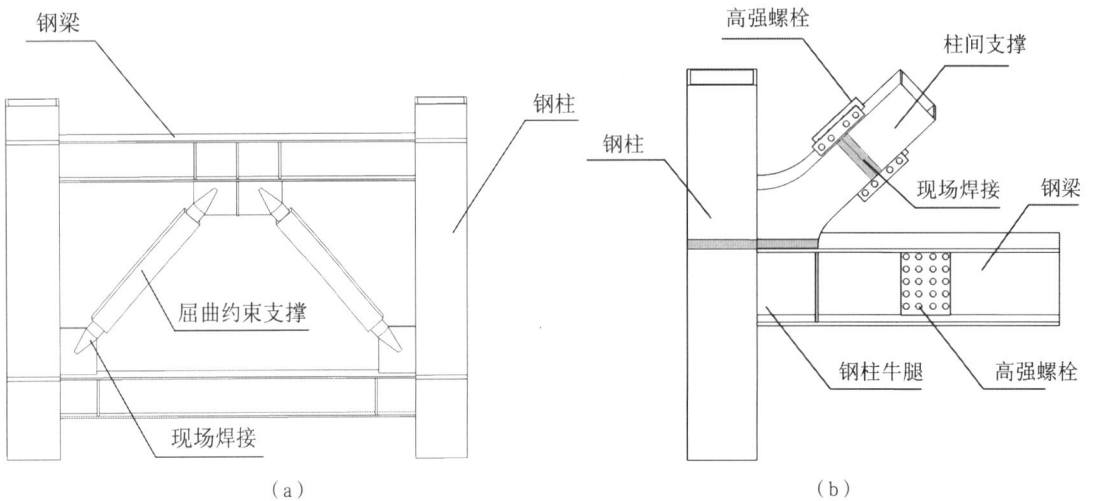

（a）   （b）

图9-20 钢支撑与梁柱的连接示意图

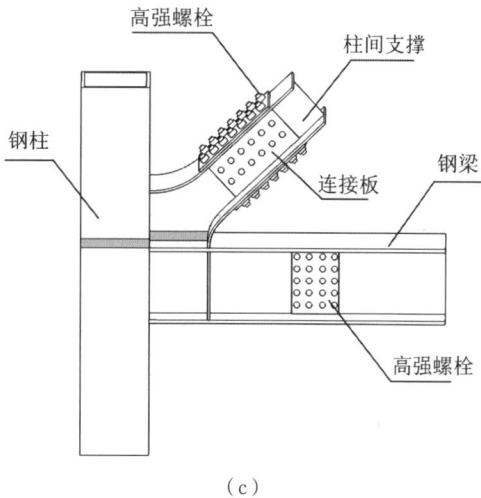

（c）

图9-20 钢支撑与梁柱的连接示意图（续图）

9.4 装配式木结构部件的连接

木材是纯天然材料，其截面尺寸和长度有限。为了承受更大的荷载或达到更大的跨度，就需要采用不同的连接方式把木材连接起来，组成更复杂的局部或者整体，以达到共同承重的目的。

木材不像钢材那样具有可焊性，也不像钢筋混凝土那样可整体浇筑混凝土实现连接。因此，木结构的连接及其计算方法与其他结构有很大不同。木结构的特殊性在于，其承载力往往取决于节点连接，因此木结构的连接设计尤为重要。

1．木组件之间的连接

木组件与木组件的连接方式，现代木结构工程中的连接方式与传统工艺存在显著差异。传统木结构体系主要依托榫卯工艺实现构件连接；而现代木结构则普遍采用金属连接件作为主要连接手段，其具体连接方式见表9-4。常用紧固件如图9-21所示。

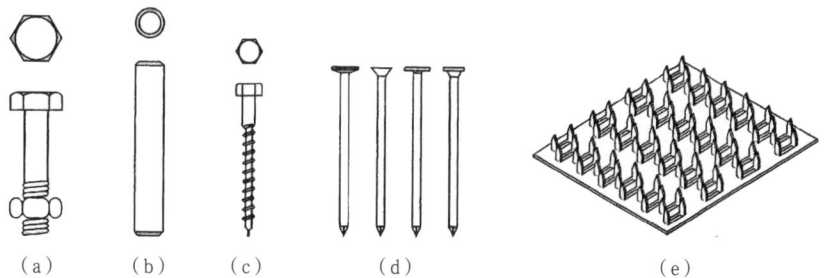

图9-21 常用紧固件示意图
（a）螺栓；（b）销；（c）六角头木螺钉；（d）圆钉；（e）齿板

（1）榫卯连接

榫卯是在两个木构件上所采用的一种凹凸结合的连接方式。其中，凸出部分称为榫，凹进部分称为卯，榫和卯咬合即起到连接作用（图9-22）。榫卯连接是中国古代木建筑的主要连接方式。

榫卯连接是一种半刚性节点，节点刚度介于铰接和刚接之间。无论是拉压、剪切还是转动工况下，节点均有一定变形能力，因此榫卯结构不仅可承受较大的竖向荷载，而且在地震作用下可以通过自身连接所产生的变形耗散大量能量，有效降低地震响应。

谈及榫卯连接，不得不提位于山西应县的佛宫寺释迦塔（简称应县木塔，图9-23），它竣工于1056年，主要连接方式为榫卯连接，历经千年多次遭遇强震甚至战乱炮轰，仍然屹立不倒，常被称作"斗栱博物馆"。

图9-22　榫卯连接示意图

图9-23　应县木塔

图9-24　钉连接示意图

（2）钉连接

钉连接是一种传统的木结构连接方式，采用圆钉直接钉入被连接木构件。为了防止钉入导致木材劈裂，一般会对钉子尖端钝化处理或预钻小于0.8倍钉直径的孔。钉连接施工便捷，工序简单，在轻木结构中应用最为普遍，例如墙体龙骨、楼盖格栅等构件间的连接（图9-24）。

（3）螺栓连接

钉连接在受力较大或往复荷载频繁的位置，容易发生失效或拔出等问题，这种情况下螺栓连接就很合适。现代胶合木结构中更多的是采用螺栓连接，即利用螺栓将两块或多块木料连接在一起（图9-25）。螺栓连接一般采用六角头螺栓，由螺杆、垫圈及螺母组成，在某些环境较差部位，为了防止

图9-25　螺栓连接示意图

图9-26　销钉连接示意图

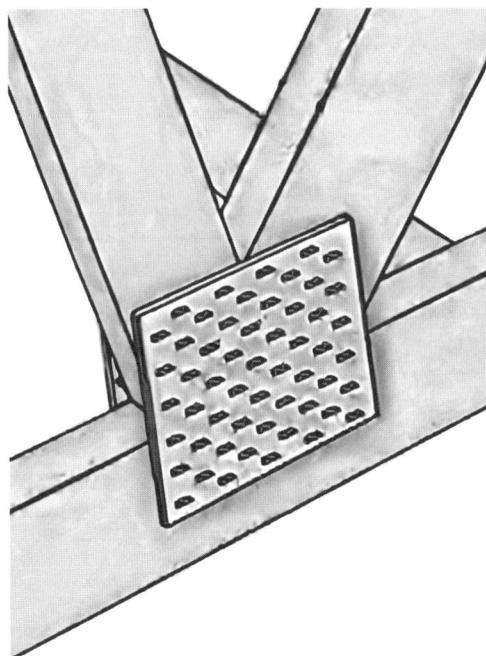

图9-27　齿板连接示意图

螺栓锈蚀亦会增加防锈螺母。螺栓连接与销连接应用范围和受力特点均相似，但采用钢夹板（钢板位于竹木构件侧边）节点时，销连接不再适用，只能采用螺栓连接。螺栓通常比所连构件预开孔直径小1~2mm，与木材直接接触的垫圈应采用大垫圈，在某些环境湿度变化较大的地区施工时，螺母应进行二次紧固，以防止材料胀缩产生松动。

（4）销钉连接

销钉是由硬木、钢或碳纤维等高强材料制成的圆棒，直径最小为6mm。销钉连接是使用销钉直接穿过被连接构件，销钉抗剪以抵抗构件相对滑移的连接方式，适用于重木结构的连接，尤其在钢填板—销钉节点这种隐式连接中应用极为广泛（图9-26）。连接中木构件预开孔直径通常比销钉直径小1~2mm，因此可通过销钉与孔壁间的摩擦力防止销钉滑脱，某些工程中为进一步增强连接可靠性，设计人员会要求销钉表面预刻花纹以提高摩擦力。

（5）齿板连接

齿板连接一般用于轻型木结构桁架杆件之间的连接，齿板是由厚度为1~2mm的薄钢板冲齿而成，使用时直接由外力压入两个或多个被连接构件的表面（图9-27）。这种连接虽然承载力不大，但对于轻型木结构架来说，此类连接具有安装方便、经济性好等优点。

（6）齿连接

齿连接是方木、原木结构常用的连接方式之一，它是将受压构件的端头加工成齿榫，在另一与其连接的构件上开设齿槽，使得齿榫可以直接抵承在齿槽内，通过抵承面承压的方式进行传力。因此，齿连接的受力特点是：主要传递压力，可以传递少量剪力，齿连接一般分为单齿连接和双齿连接（图9-28、图9-29）。

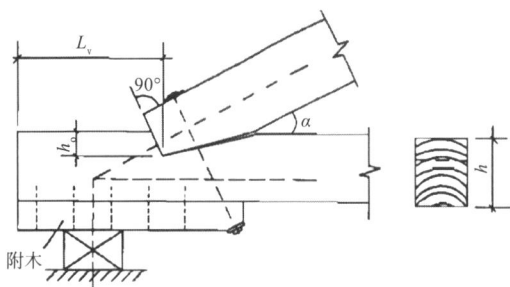

图9-28 单齿连接示意图

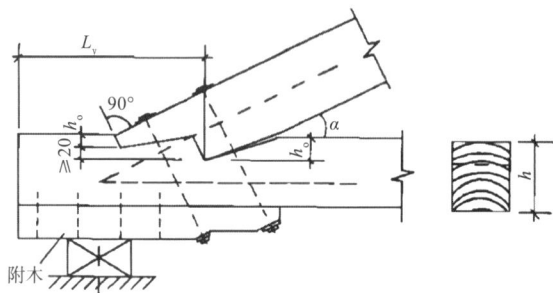

图9-29 双齿连接示意图

图9-30 销轴连接示意图

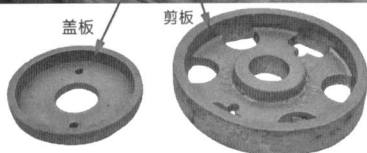

盖板   剪板

图9-31 木构件与钢构件剪板连接示意图

2.木组件与其他结构之间的连接

木组件与钢结构连接宜采用销轴类紧固件的连接方式（图9-30）。当采用剪板连接时，紧固件应采用螺栓或木螺钉（图9-31）。

为了进一步提高螺栓连接的承载力，工程设计中有时会引入一些环形剪切件如剪板，以配合螺栓使用。由于其与木构件之间的承压面大大增加，从而会极大提高螺栓连接的承载力和刚度。此类连接中，连接处主要靠剪板和螺栓抗剪、木材的承压和受剪来传力。目前,剪板材料可采用压制钢和可锻铸铁加工，剪板直径目前主要有两种：67mm和102mm。

本章回顾

装配式混凝土结构、装配式钢结构、装配式木结构各有不同的特点，其部件拆分与连接方式也各不相同，宜因地制宜地分别采取其适宜的拆分与连接方式，以确保制作、运输、施工方便及结构安全。

思考题与练习题

1. 装配式混凝土结构部件拆分的原则是什么？其部件连接主要方式有哪些？

2. 装配式钢结构部件拆分的原则是什么？其部件连接主要方式有哪些？与装配式混凝土结构相比，其连接方式有什么不同？

3. 装配式木结构木组件之间的常用连接有哪些？

模块单元

第 10 章　模块化建筑设计概述

【本章导读】模块化建筑是装配式建筑的集成化发展，是一种空间化、体量化的设计建造方式，其工厂完成度与集成度较高，具有建得快、造得好、功能全等优势，主要适用于公寓、酒店、学校、宿舍、住宅、医疗、办公等具有标准化空间组合潜质的建筑类型。模块化建筑的基本组成单位是模块单元，模块单元首先是建筑空间单元的概念，它也类似传统建筑中"间"的概念，用"间"的思维"分解"和"增殖"空间是标准化设计的起点，更是模块化建筑设计的深层逻辑。

10.1
背景

1. 模块化建筑的概念与发展

模块化建筑是指全部或部分由模块单元在现场通过装配连接形成的建筑，图10-1展示了模块化建筑的施工场景。模块单元是指集成了建筑、结构、机电和内装功能，大部分工作在工厂完成，并满足运输、吊装、检测和维护要求的标准化预制装配式空间建筑模块（图10-2）。

图10-1 模块化建筑吊装
（图片来源："*Design in Modular Construction*"：30）

图10-2 模块单元工厂生产
（图片来源："*Design in Modular Construction*"：25）

模块化建筑仍然属于装配式建筑的范畴，是装配式建筑的集成化发展，是一种空间化、体量化的设计建造方式，图10-3示意了二者装配施工的不同，清晰地展示了模块化建筑与常规装配式建筑的主要异同。

在1967年加拿大的蒙特利尔世界博览会上，由摩西·萨夫迪（Moshe Safdie）设计的Habitat 67是早期模块化建造的经典案例。Habitat 67采用了现场预制的混凝土盒子，基本的模块尺寸为38英尺×17英尺（11.58m×5.18m），由1~4个模块组合成多种套型。Habitat 67创造了别具一格的建筑风格，最后形成积木式样的建筑造型，也是堆叠式造型逻辑的体现（图10-4）。于1972年建成，由黑川纪章设计的东京中银舱体大楼也是模块化建造的经典案例。该建筑的核心筒采用预制钢筋混凝土建造，外挂轻钢结构舱体模块，模块与核心筒之间采用高强螺栓连接。基于此建构逻辑，模块上下之间没有相互承重的需要，所以模块间的关系相当自由。东京中银舱体大楼的建筑师最后选择了模块之间垂直错位堆叠，形成了非常独特的高层建筑造型（图10-5）。

体量化建造　　　　　　　非体量化建造

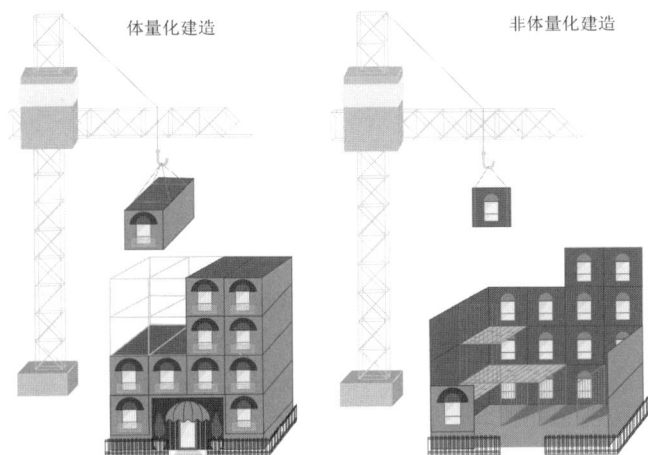

图10-3　模块化建筑与常规装配式建筑的异同

图10-4　Habitat 67　图10-5　东京中银舱体大楼

图10-6　Clement Canopy大厦　　图10-7　长沙远大"活楼"

2019年竣工的Clement Canopy大厦是新加坡的一个住宅项目。大厦由两座约140m高的大楼、1899个钢筋混凝土模块组成，高达40层，包含505套豪华住宅公寓，是迄今为止世界上最高的混凝土模块化塔楼之一，也是值得我国借鉴的居住模块化建筑方式。Clement Canopy大厦是结合土地集约化利用、劳动力缺乏等新加坡现实社会条件，进而推行模块化建筑（Prefabricated Prefinished Volumetric Construction，PPVC）的成果（图10-6）。长沙远大"活楼"创造了29个小时搭建出一栋11层、面积3000m²住宅的记录（图10-7），并在长沙"上水堂国际公寓"项目中投入实践（图10-8）。"活楼"采用不锈钢全钢体系模块，实现了勒·柯布西耶"像造汽车一样造房子"的理想。2023年6月，深圳"华章新筑"项目建成（图10-9），中建海龙采用模块化集成建造（MIC）模式在1年时间内建成了5栋近百米的2740套高层租赁公寓，总建筑面积17.3万m²。"华章新筑"项目采用了6028个混凝土模块，每个空间单元90%以上的建筑元素，包括结构、机电、给水排水、暖通和装修都在工厂完成。这也是模块化建筑模式在国内的首次实践。这些实践的探索，都是针对模块化设计到实施的尝试。

图10-8 长沙"上水堂国际公寓"

图10-9 深圳"华章新筑"

2．模块化建筑的特点

模块化建筑的工厂完成度与集成度较高，具有建得快、造得好、功能全等优势，既适用于公寓、酒店、学校、宿舍、住宅、医疗、办公等具有标准化空间组合潜质的民用建筑，也适用于部分跨度不大、荷载不重的工业建筑。

模块化建筑在建筑工业化、智能化、绿色化等方面具有以下独特的优势，在实现标准化生产、快速集成装配的同时，保证了工程项目的高品质和工程建设的绿色低碳发展。

（1）模块化建筑在设计阶段就将建筑空间模块化，并进行建筑一体化和集成化设计，从而既保证了功能空间的可拓展性，又保证了部品、部件标准化率最大化。

（2）在生产制作阶段，模块单元能实现工厂标准化、流水线批量化生产，使建筑质量的均好性得到较好的保证。

（3）在施工安装阶段，模块化建筑采用整体模块单元装配安装方式，安装精度更高，装配速度更快，且在设计、生产与建造全流程中有利于实现数字化信息协同、追踪与管理。

（4）据测算，模块化建筑的建筑主体装配率可达90%以上，现场用工量可比传统模式减少70%，综合建设工期可比传统建造方式工期缩短1/3以上。

（5）在绿色与低碳方面，与传统建造方式相比，模块建筑可减少现场建筑垃圾75%以上，减少90%以上的现场施工噪声污染。

模块化建筑是装配式建筑发展的重要方向之一，将会重塑整个建筑产业链，使之从设计集成、劳动力供给、模块生产、运输、安装到维护诸方面都产生深刻变化，也会面临工人素养、生产模式、运输规则、安装能力和运营维保等方面的限制和突破。

3．模块化建筑的分类

模块化建筑按照结构主材的不同，可分为混凝土模块化建筑、钢结构模块化建筑和木结构模块化建筑。混凝土模块化建筑的结构刚度大、强度高，耐久性好，耐火性强，但自重也大，对交通运输和施工安装要求高。相比较而言，钢结构模块化建筑的自重相对较轻，结构强度大，刚度也较强，但要做好防腐、耐火的处理。木结构模块化建筑的自重最轻，生产加工方便，但强度、刚度较弱，耐火性较差，通常适合于低层建筑。尽管木材是可再生材料，但由于我国仍然属于人均木材资源贫乏的国家，森林仍然处于保护涵养期，加上我国对于建筑防火的要求严格，因此木结构建筑在我国的应用占比还非常低。

三种模块化建筑的主要性能对比见表10-1。

三种模块化建筑的主要性能对比　　　　　　　　　　　　表10-1

性能＼类别	结构	防火	耐久	自重	生产加工	连接	交通运输	施工安装	适用范围
混凝土模块化建筑	强	好	好	重	要求较高	局部湿法	要求高	要求高	广泛
钢结构模块化建筑	强	较好	较好	较重	较方便	干法	要求较高	要求高	广泛
木结构模块化建筑	较弱	一般	较好	较轻	方便	干法	较为方便	较为方便	受限

4．模块化建筑中建筑师的定位

在工业化建筑发展的浪潮中，建筑师依存的文化、人性、空间等内核似乎被边缘化了，部分建筑师和建筑学生在此变革中迷失了方向。这或许是坚守造型与空间创作，忽视标准化产品的主动选择；也或许是面对产业变革的无所适从，在行业更替中的被动放弃。相比于结构、设备、建材等行业对工业化建筑浪潮的拥抱，在当前的产业变革中，建筑师该何去何从？有关建筑师职业发展的未来，更是决定了工业化建筑的发展前景。

如何在建筑工业化的浪潮中寻求建筑师的定位？我们可以从工业化建筑的发展趋势中，即从标准化设计、模块化生产、装配化施工和智能化管理四个方面来寻找。总体而言，模块化建筑更加强调建筑的集成化、精细化、智能化。首先，建筑师必须对全产业链进行熟悉和了解，认知到建筑是工业化产品，而产品生产的各个环节都会反馈到设计中。其次，建筑师可依托其对空间功能的熟悉并辅之以良好的沟通能力，走向产品经理；或者依托建筑学专业的龙头地位，凭借全面的知识与技能，走向产品设计师。最后，建筑师赖以生存的设计能力依旧是立足之本，需要从空间的角度思考标准化，从智能化角度串联全产业链，从集成化、性能化角度深入精细化设计。

反观当前的建筑工业化发展，由于建筑师的缺位，基本上是将传统建筑进行部品、部件拆分，却缺乏对空间标准化、多样化的整体思维。标准化与多样化是一体两面，在标准化中也有多样化的空间，在多样化中也存在标准化的潜质。而建筑师的有效参与，可以解决上述问题，尤其是在前期设计阶段，建筑师的工作是无法替代的。只有前期市场切入准确，技术体系论证充分，才能起到事半功倍的效果。

10.2 『间』与模块

1．空间单元——"间"

在中国传统建筑中，"间"是一个明确的空间概念，无论是宫殿建筑还是民居建筑都采用了"间"的模式来组合空间（图10-10、图10-11）。人们对于"间"的理解，有偏向空间的理解，讲究空与虚，着重体验；也有偏向物质实体的理解，讲究空与用，着重功能。二者的结合体现了精神和物质的统一，也是艺术与技术的结合，是对"间"的完整阐述。在本章中对"间"的理解更倾向于功能，并着重其组合方式与建造技术。

在宫殿和寺庙等公共建筑中，"间"不仅是空间的基本单元，而且是空间增扩的模块。在悠长的封建社会进程中，"间"与封建礼教还产生了紧密联系，是等级制度的体现。不同等级的建筑物会应用不同的开间数，一般建筑由奇数间构成，如三、五、七、九间，开间越多，等级越高。当然，开间数量的增加，也是来自功能的需要。此外，奇数间也体现了中轴对称，突出

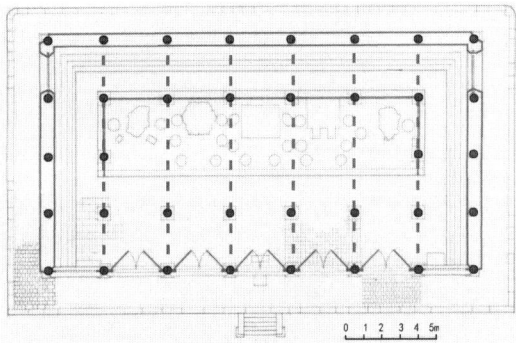

图10-10　宫殿建筑中的间（五台山佛光寺东大殿平面图）

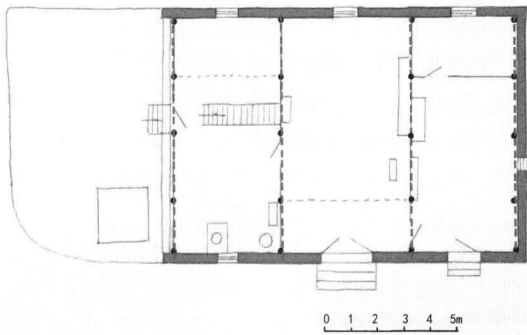

图10-11　民居建筑中的间

明间的特征，是封建传统崇尚秩序的表现。

在传统民居中，"间"依旧是空间的基本单元。"一明两暗"和"一堂两内"是中国传统居住建筑的两类原型（图10-12）。从现存民居仍可观察到这两类建筑原型的延续，其中"一明两暗"采用较多（图10-13），而"一堂两内"在部分少数民族民居中还有采用（图10-14）。

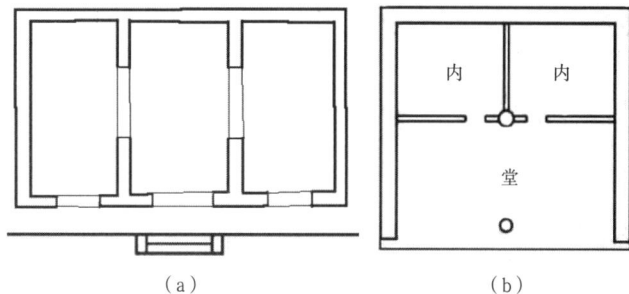

图10-12　传统居住建筑的两种原型示意图
（a）"一明两暗"布局；（b）"一堂两内"布局

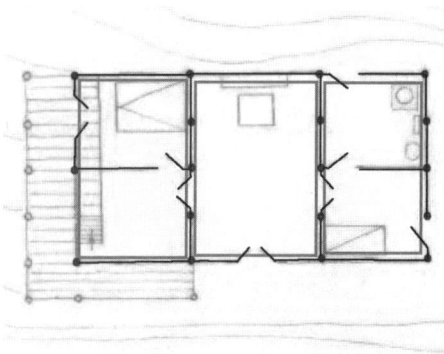

图10-13　"一明两暗"民居　　　　图10-14　"一堂两内"民居的遗存

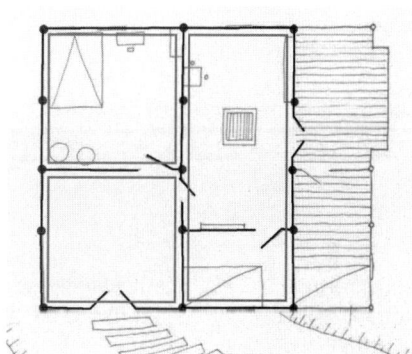

在西方建筑中，也存在着"间"这一空间概念。建筑大师勒·柯布西耶在《光辉城市》一书中绘制了一幅"基本罗马形式"的草图，这些形式由拱、半圆形凹室和筒形拱顶组成（图10-15）。基于这一分析，柯布西耶设计了一系列拱形住宅，其中第一个是莫诺尔住宅（Monol House，1911年）。莫诺尔住宅采用了预制顶棚和楼板，并以拱形波纹石棉板为永久性模板，是

图10-15　勒·柯布西耶关于罗马基本形式的草图

图10-16 莫诺尔住宅

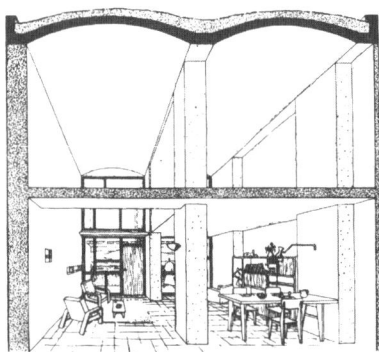

图10-17 圣博姆永恒城市住宅

勒·柯布西耶一系列拱形住宅的起点和原型（图10-16）。在圣博姆的永恒城市住宅中，柯布西耶设计了两开间三层的拱形住宅，更加凸显了"间"作为空间基本单元的作用（图10-17）。在美国纽黑文的Oriental Masonic Gardens住宅中，保罗·鲁道夫采用拱形的"间"十字交叉组合为基本居住单元，进而拓展形成居住区（图10-18）。路易斯·康在金贝尔艺术博物馆的实践中也采用了拱形的"间"，并突破了"间"的限制，创造了丰富的光影效果和内部空间体验（图10-19）。此外，他还在布瑞安·毛厄大学女生宿舍（图10-20）和理查德医学研究中心（图10-21）的实践中运用了正方形的"间"进行空间组合。

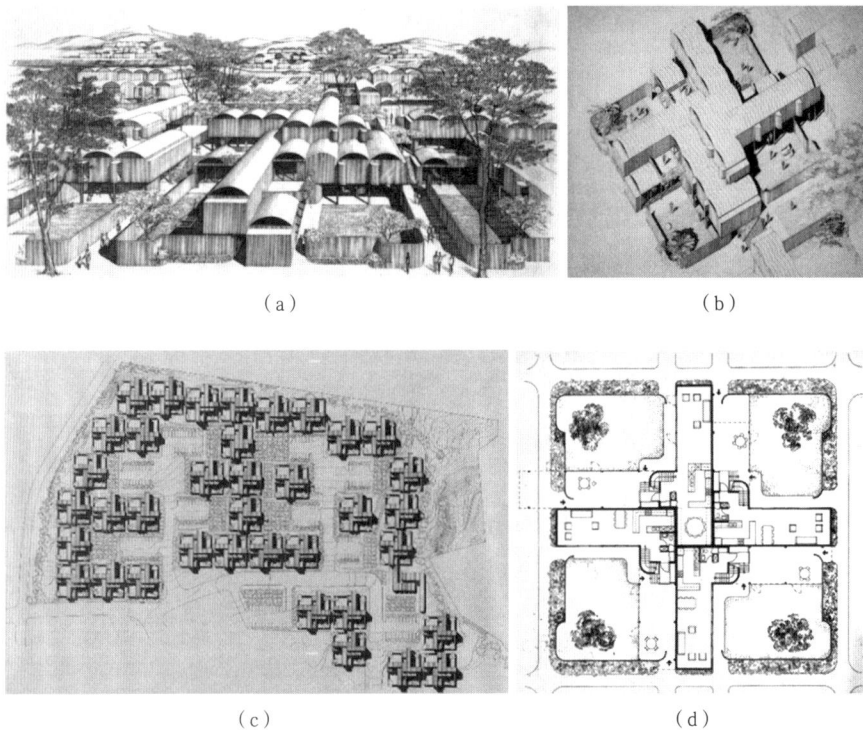

（a）

（b）

（c）

（d）

图10-18 Oriental Masonic Gardens住宅
（a）建筑群体；（b）组合单元；（c）建筑总平面；（d）组合单元平面

（a） （b）

图10-19 金贝尔艺术博物馆
（a）建筑总平面及平面；（b）建筑室内

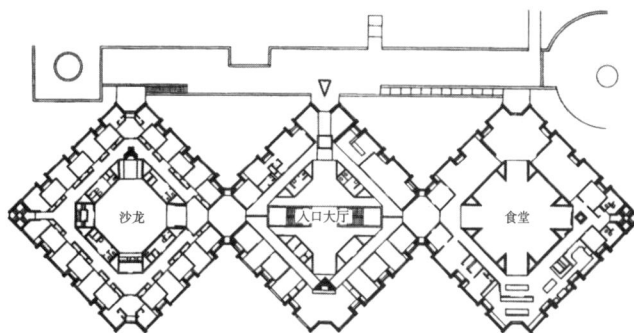

图10-20 布瑞安·毛厄大学女生宿舍

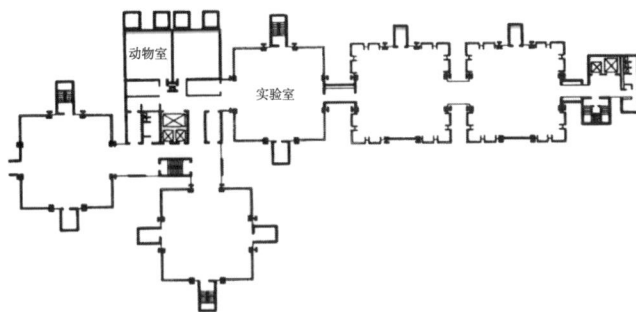

图10-21 理查德医学研究中心

建于14世纪的英国阿灵顿排屋（Arlington Row）曾是存放羊毛的仓库，在17世纪成为纺织工人的住宅。阿灵顿排屋是英国联排住宅的原型，也体现出"间"作为空间基本单元的概念，以及该空间单元的线性组合方式（图10-22）。

图10-22 阿灵顿排屋

2."间"与模块

"间"作为空间的基本单元，结合建筑工业化的进展，使"像造汽车一样造房子"成为可能，而作为空间基本单元的"间"也就可以转化为物质实体建造的模块。

由于最常见的"间"通常为矩形平面，所以对应的空间形态就是矩形体量（图10-23），其平面为矩形，高度方向也统一，从而便于空间的平面组合和竖向叠加。在对"间"进行工业化建造的过程中，结合整体形态分析和对六面体进行拆分重组（图10-24），可将矩形体量划分为线面系统、面域系统和立体系统（图10-25）。

其中，线面系统的建造方式可以对应现实中的装配式框架体系（图10-26）；面域系统可以对应现实中的装配式剪力墙体系或者轻钢承重墙体系（图10-27、图10-28）；而立体系统就是模块化建造。立体系统既可以是线面系统在工厂生产制造的预制装配式空间建筑模块，也可以是面域系统在工厂生产制造的预制装配式空间建筑模块。

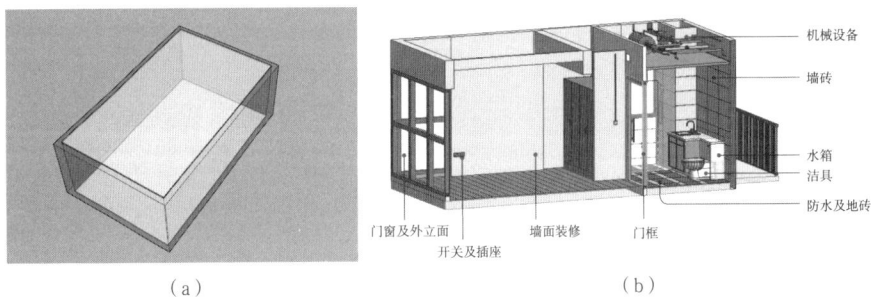

（a）

机械设备
墙砖
水箱
洁具
防水及地砖

门窗及外立面　　墙面装修　　门框
开关及插座

（b）

图10-23 矩形体量的"间"
（a）抽象的"间"；（b）具有功能的"间"

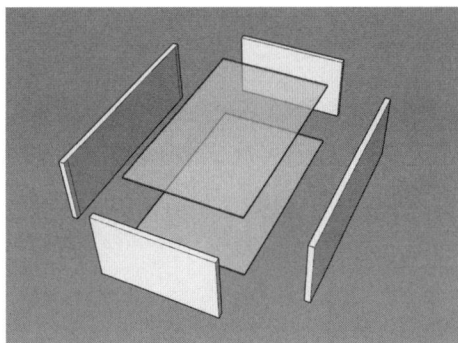
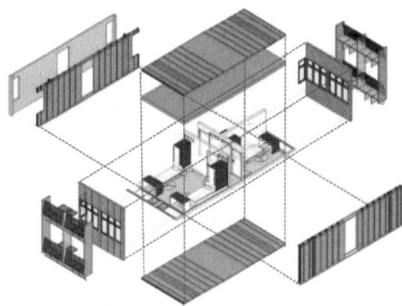

(a) (b)

图10-24 "间"的六面体
（a）抽象的六面体；（b）建造的六面体

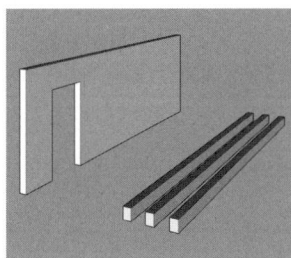
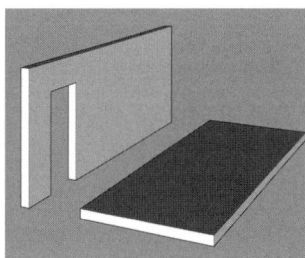
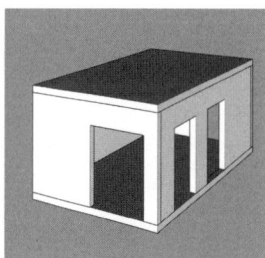

(a) (b) (c)

图10-25 矩形体量"间"的系统划分
（a）线面系统；（b）面域系统；（c）立体系统

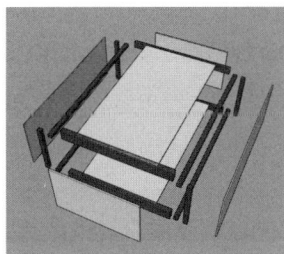
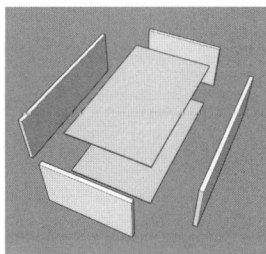
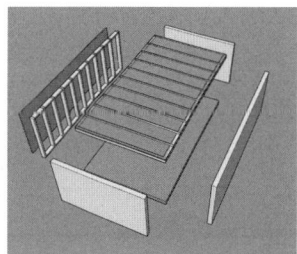

图10-26 装配式框架体系   图10-27 装配式剪力墙体系   图10-28 轻钢承重墙体系

图10-29 Habitat 67现场预制

　　理论上"间"可以适应所有的建筑类型及功能，现代建筑理论家西格弗里德·吉迪恩所描述的"单一流动空间"就是这一思想的体现。但是，这样的"间"实现模块化建造是有难度的，对生产制造、交通运输、施工安装都产生巨大的压力。

　　在Habitat 67项目中采用了混凝土模块。考虑到模块的自重与运输，该项目采用了现场预制、就地吊装的模式（图10-29）。但这一模式对于当下城市类型的建设活动来说几乎是很难做到的，因为缺乏

（a）　　　　　　　　　（b）

（c）　　　　　　　　　（d）

（e）

图10-30　新加坡Clement公寓的模块化建造过程
（a）主体预制；（b）工厂装修；（c）交通运输；
（d）起吊安装；（e）施工过程

（a）

（b）　　　　　　　　　（c）

图10-31　荷兰Wikkel House
（a）整体外观；（b）交通运输；（c）分段吊装图

预制场地，并难以控制质量。随着全产业链能力和水平的提升，在新加坡Clement公寓项目中（图10-30），就采用了在预制场生产混凝土模块主体、在工厂完成装饰和设备、再运输至现场吊装的施工模式。

所以，基于现实条件，作为模块化建造的"间"必须在模块形态、三维尺寸和建筑自重方面适配全产业链的技术水平和能力。当然，随着模块化建筑的推广，全产业链的能力也在不断提升。

矩形体量是模块化建造中使用最广的模块，几乎适用于所有建筑类型。如果是单层建筑或者是建筑的顶层，没有竖向叠加的要求，则矩形体量模块的屋顶可以选择拱屋顶和坡屋顶等形态，例如荷兰的Wikkel House（图10-31）。虽然在一些露营基地或者景观小品建筑中，筒拱、半球、圆锥等形态也常采用，例如日本的Dome House（图10-32），但其仍然不能突破交通运输的尺寸要求，以及吊装能力的限制。

对于模块化建筑的运输要求，在我国主要依循《中华人民共和国道路交通安全法实施条例》《超限运输车辆行驶公路管理规定》和《汽车、挂车及汽车列车外廓尺寸、轴荷及质量限值》GB 1589—2016的相关规定。在不超限的条件下，模块的宽度不大于2550mm，长度不超过12 000mm。模块的高度和车辆高度限制及运输车辆承载面高度相关，在不超限的条件下，车辆的高度从地面起算不超过4000mm，这就对模块高度限制较大了。如果采用承载面距地800mm高的低平板车，则模块高度可达3200mm，从而可以适应较多场景（图10-33）。同时，模块化建筑的运输还需要满足车货最大允许总质量的要求，尤其是选择混凝土模块时，有超重的可能。如果模块尺寸或者质量超限，就需要到公路管理机构申请公路超限运输许可。在超限条件下，模块的宽

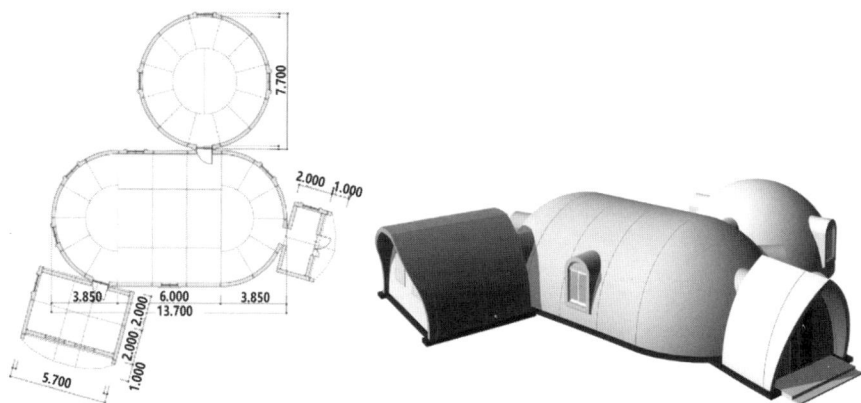

图10-32 日本Dome House组合示意图

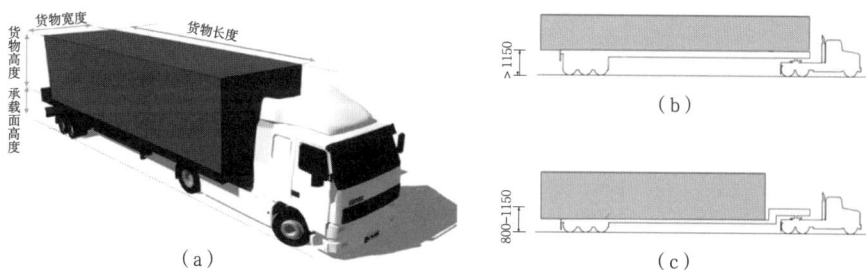

图10-33 模块运输要求示意图
（a）装载尺寸示意图；（b）普通平板拖车承载面高度；（c）低平板拖车承载面高度

度、高度和长度通常也不能超过3400mm×3400mm×13 750mm。

同普通装配式建筑施工相比，模块化建筑施工对起吊重量的要求更高，吊重从10t提升到50t水平，一般主要采用塔式起重机、桅杆式起重机和汽车起重机相结合的方式。为了提高施工效率，还需开发自动吊运平台，将起升与平动结合，自动匹配吊重与速度，从而保障吊装精度并提高效率。

为了突破交通运输环节的瓶颈，扩展模块化建筑的应用范围，需要在道路运输管理政策上进行调整以适应工业化建筑走向体量化建造的需要。此外，建筑师更应立足设计创新，除了大模块拆分为小模块的方法外，折叠式模块化建筑也是另一个创新点，尤其是可以在快速装拆的场景中找到适用对象。

3.“间”的组合

对“间”进行模块化建造需要匹配全产业链的水平，“间”的三维尺寸也受到一定的限制。根据上述我国交通运输条件的分析，直接将模块作为独立功能空间仍很难满足各类建筑空间的需要。但是，建筑师可以通过模块的组合来扩大模块的适用范围，常见的方式是将具有独立功能的“间”拆分为多个模块以满足交通运输的要求。例如，对于4.8m×9.6m的酒店客房，就可以拆分为4个4.8m×2.4m的模块以满足酒店客房的空间需要，如图10-34（a）所示。又如，对于7.8m×9.6m的教室等中等尺度的空间需求，可以拆分为4个7.8m×2.4m的模块，如图10-34（b）所示。根据交通运输的要求，将模块的最大长度12m作为最大跨度，将模块的最大宽度2.55m作为柱距，就可以通过模块组合形成较大空间，从而满足大部分建筑应用场景，如图10-34（c）所示。

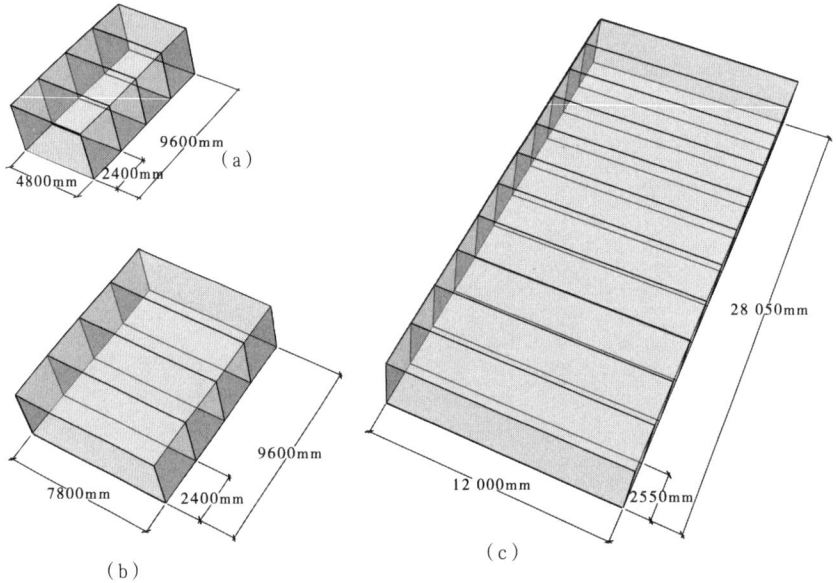

图10-34 模块拆分以适应交通运输要求
（a）酒店客房的拆分；（b）教室的拆分；（c）多功能厅的拆分

在我国过去商品房快速发展的30年中，住宅的套型设计除了满足规范要求之外，受市场影响最深。在总价、单价与利润的博弈中，住区规划、单体选型和套型设计都体现了市场的意图。例如，图10-35是一个典型的高层住宅套型。

图10-35 典型高层住宅模块化划分示例（一）
（a）套型平面；（b）调整后套型模块化划分

由于受到开间和面积的限制，在图10-35（a）中A、B处都出现了墙体错位的情况。随着商品房供给关系的变化，以及用地强度的降低，该住宅套型完全可以采用"间"的方式进行重新划分（图10-35b），使得模块化建造成为可能。这种对于空间的梳理和划分是模块化设计的关键，是建筑学专业不可回避的任务，也是模块化建造不可或缺的重要前期工作。住宅是模块化建造的主要应用类型，而"间"的组合与住宅套型平面的适应性是夯实这一应用类型的关键。图10-36（a）是另一个典型高层住宅套型，该套型平面规整，完全可以按照图10-36（b）所示划分为3个模块，从而顺利转换为模块化建造。图10-37展示了新加坡Clement公寓中一个套型的模块化划分。以上案例都说明，住宅建筑在"间"这一空间概念的指引下，完全可以转化为模块化建造。

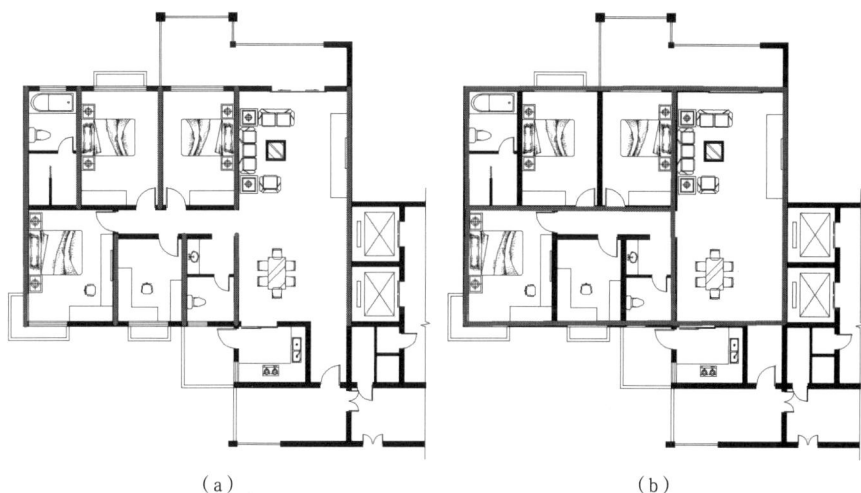

| （a） | （b） |

图10-36 典型高层住宅模块化划分示例（二）
（a）套型平面；（b）套型模块化划分

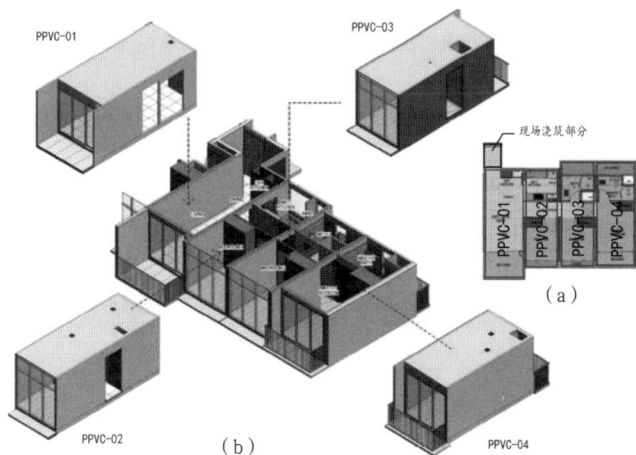

图10-37 新加坡Clement公寓套型的模块化划分
（a）套型平面模块单元划分；（b）套型模块单元划分轴测图

结合模块的生产制造工艺，还需要讨论模块的标准化与多样化的关系。在模块化建筑的思路中，主体与装修设备是两个生产阶段。即便是在主体的生产中，台模工艺也具有相当大的灵活性，可以引入集合（Sets）和类型（Types）的概念。一般将模块总体三维尺寸相同的归为相同的集合，内部分隔与设备的不同归为不同的类型。例如，新加坡Clement公寓就是由1866个模块组成，分为48种类型和26个集合。这种设计思路大大降低了模块的种类，降低了生产制造及施工安装的成本，是模块化设计与先进生产工艺相协调的成果。

本章回顾

针对当下装配式建筑设计中建筑师缺位的问题，必须回到空间这一原点思考模块化建筑设计，而"间"这一古老又现代的空间概念是解决该问题的关键。结合生产制造、交通运输及施工安装的实际情况，"间"与模块、"间"与模块组合还需要建筑师的智慧。只有从空间需求出发，合理划分和组合空间单元，巧妙利用空间的弹性，创造性地解决空间问题，同时引入更多的设计策略和手法技巧，才能让模块化建筑的应用场景更加广阔。

思考题与练习题

1. 结合我国传统建筑中的民居与宫殿，尝试分析"间"的划分与组合。

2. 结合我国住宅建筑的套型分析，请选择2~3种套型，对其进行模块化划分。

3. 收集Habitat 67和东京中银舱体大楼的全面资料，分析两者的技术路线异同。

4. 结合国内近年来的模块化建筑实践，分析典型案例，思考混凝土模块和钢结构模块的优缺点，以及各自在我国的适应场景。

5. 结合自身条件，分析思考在建筑工业化的背景下如何面对自己的学习方向和行业定位。

第11章 模块化建筑的结构

【**本章导读**】建筑学专业对结构知识的学习首先应关注各类结构与空间的关系，关注空间的灵活性和建筑功能的适应性；其次对结构原理和体系组成应该有总体的认知和把握；最后在基于结构原理的前提下，要敢于拆分重组结构体系，勇于空间创造，不要陷入定型化结构体系的藩篱。具体到模块化单元，其结构主要有框架结构和箱体结构。但无论何种结构，当其组合成高层建筑时，均需要加入抗推体系，以满足抵抗水平力的要求。结合材料与构造，模块单元的主要类型有：钢结构框架模块、轻钢结构箱体模块、混凝土箱体模块、木结构框架模块、木结构箱体模块和创新模块。

11.1

结构原理

结构知识是建筑学专业的必备知识。建筑学专业对结构的理解倾向于从形态开始，首先关注结构与空间的关系，其次关心结构的搭建过程。这一视角虽然有局限性，也比较浅显，但符合建筑学思维模式，并有助于从总体理解结构与空间及造型的关系。具体到模块化建筑，其总体视觉形象就是模块单元的堆叠，这也是其施工过程的自然体现。但模块化建筑的受力并不是简单的竖向传递，从现象到本质，还需要了解结构的基本原理。

结构的核心是保证建筑安全，其科学基础是力学。结构需要抵抗的外力主要包含竖向力和水平力，其中竖向力主要来自重力，水平力主要来自地震作用和风荷载。如图11-1所示，水平力是随高度指数增长的，所以高层建筑抵抗水平力是关键；而对于竖向力来说，其随着高度线性增长，故模块轻量化是这一层级需要思考的重点。

虽然模块形态上的基本组合方式是堆叠，但其背后的结构逻辑仍然需要

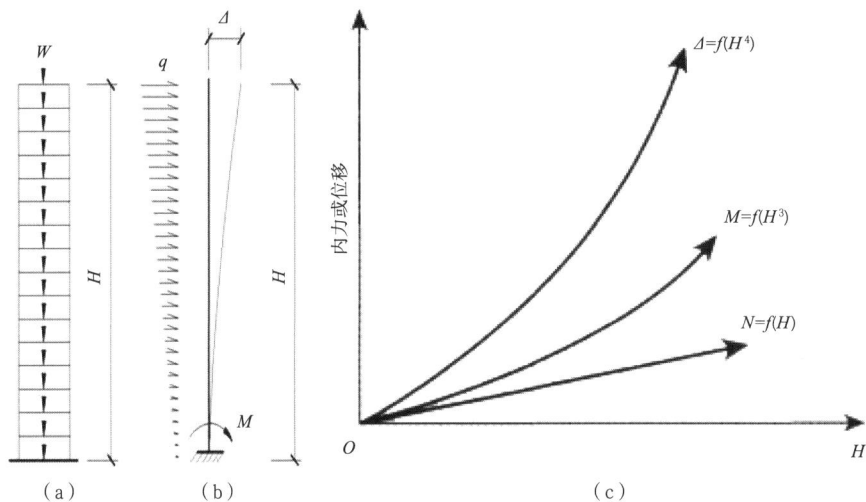

图11-1　建筑结构受力原理图
（a）竖向力作用；（b）水平力作用；（c）重力、底部弯矩与顶部侧移的增长趋势

符合结构的基本原理。例如，低、多层建筑主要抵抗竖向力，可以简单竖向堆叠，但当模块单元堆叠成高层建筑时，就需要增加额外的抗推体系来保证结构安全。因此，结构体系是任何结构方案思考的起点，模块化建筑结构也不例外。

此外，模块单元的结构组成也是模块化建筑结构思考的重要内容，遵循同样的结构原理，但会细化到结构部件的组成与力学分析上。

11.2 结构体系

除了从结构材料进行结构体系分类外，还可以从结构力学分析来进行结构体系的分类。按照我国《装配式混凝土结构技术规程》JGJ 1—2014、《装配式钢结构建筑技术标准》GB/T 51232—2016的相关规定，适应装配式建筑的结构体系见表11-1、表11-2。这样的分类既体现了结构材料、结构体系，也反映出建筑空间的需要。但同时，这样的分类仍然是高度类型化且刻板的，其对于结构技术的推广应用也许是高效的，但也从客观上限制了结构工程师的创造力，间接地束缚了建筑师的创作，局限了空间的创造性，也容易

装配整体式混凝土结构最大适用高度　　　　表11-1

结构类型	非抗震设计	抗震设防烈度			
		6度	7度	8度（0.2g）	8度（0.3g）
装配整体式框架结构	70	60	50	40	30
装配整体式框架—现浇剪力墙结构	150	130	120	100	80
装配整体式剪力墙结构	140（130）	130（120）	110（100）	90（80）	70（60）
装配整体式部分框支剪力墙结构	120（110）	110（100）	90（80）	70（60）	40（30）

装配式钢结构适用的最大适用高度　　　　表11-2

结构体系	6度（0.05g）	7度		8度		9度（0.40g）
		（0.10g）	（0.15g）	（0.20g）	（0.30g）	
钢框架结构	110	110	90	90	70	50
钢框架—中心支撑结构	220	220	200	180	150	120
钢框架—偏心支撑结构 钢框架—屈曲约束支撑结构 钢框架—延性墙板结构	240	240	220	200	180	160
筒体（框筒、筒中筒、桁架筒、束筒）结构，巨型结构	300	300	280	260	240	180
交错桁架结构	90	60	60	40	40	—

陷入定型化结构体系的藩篱。

　　各类结构体系虽然名称复杂，但若以结构体系的受力为抓手，抓住结构抵抗水平力和竖向力这一关键，就可从众多且复杂的结构术语中解放出来。例如，无论是混凝土框架还是钢结构框架，其适用高度均小于其他类型结构，这是因为相较于剪力墙和支撑，框架结构的抗推能力较弱。而剪力墙和支撑虽然名称不同，但其抗推原理是相同的，只是应用了不同的材料产生的形态差异而导致的名称不同；同理，延性墙板也是受力原理相同但形式有别的抗推部件（图11-2）。又如，框架结构经常和其他结构组合使用，这主要是来自功能和结构的共同需要：框架可以提供更灵活的空间，适应建筑功能的需要；而剪力墙或者支撑则可提供更强的抗推能力，满足高层建筑结构抗推的需要。常用结构体系所提供内部空间的灵活性可参见表11-3。

常用结构体系所提供内部空间的灵活性　　　　　　　　　　　　表11-3

结构体系	框架	承重墙	框—墙	框筒	筒中筒	框筒束
结构平面	⋮⋮⋮	‖‖‖‖	│⋮⋮	▫	▭	⊞
建筑平面布置	灵活	限制大	比较灵活	灵活	比较灵活	灵活
内部空间	大空间	小空间	较大空间	大空间	较大空间	大空间

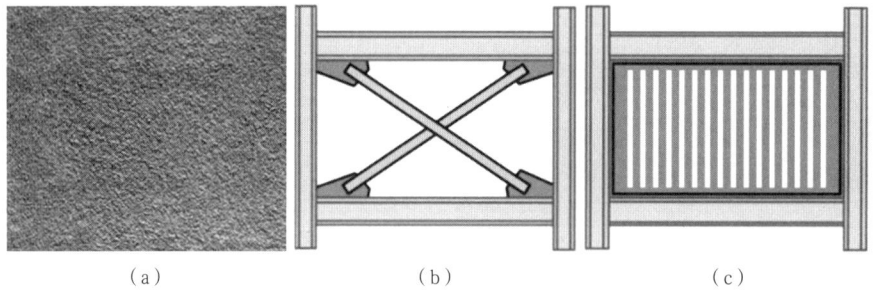

（a）　　　　　　　　　　（b）　　　　　　　　　（c）

图11-2　剪力墙、支撑和延性墙板示意图
（a）钢筋混凝土剪力墙；（b）钢支撑；（c）钢延性墙板

　　总体来说，结构体系虽然名称繁多，但框架体系和墙承重体系是最基本的两种体系。框架体系的主要作用是抵抗竖向力，并提供更好的空间灵活性，但抗推能力弱。墙承重体系既可以承受竖向力，又可以承受水平力，但承重墙的间距（即开间尺寸）较小，空间灵活性较差，主要受楼板的经济性及层高、净高的限制。此外，承重墙的形式既可以是砌体、混凝土浇筑等实体建造，也可以是支撑、延性墙板等多种形态。其中，砌体由于整体性差，故抗推能力也弱，抗震性差，使用受限。最后，还要认识到虽然承重墙在其

图11-3 纽约stack公寓

平面内有较强的抗推能力，但是在其平面外的抗推能力弱，所以承重墙需要双向或多向布置以抵抗来自不同方向的水平力，或者将承重墙布置成矩形、圆形等闭合空腔的形式组成筒体体系，从而获得更强的抗推能力，应用于更高的建筑。

模块化建筑用于低、多层建筑时，主要考虑抵抗竖向力，可以将模块中的竖向部件垂直拉通，水平构件则靠连接形成框架体系；也可以将每个模块视作砌块，类似砌体结构。结合建筑造型考虑，设计中还需要探讨模块在平面和竖向组合中的各种凹凸错位变化（图11-3）对结构体系性能的影响。

模块化建筑用于高层建筑时，水平力成为控制要素，故选择合适的抗推体系就成为结构体系选择的关键。如图11-4所示，在新加坡Clement公寓的设计中，采用了模块+剪力墙模式：模块相互堆叠支撑传递竖向力，剪力墙主要布置在住宅交通核中，模块单元传递水平力到剪力墙，由剪力墙抵抗水平力。英国伦敦十度（Ten Degree）学生公寓也是模块化建筑，但其在底部设置了公共服务功能，因此底部采用了框架结构，形成了模块+筒体+底框的组合结构，如图11-5所示。英国伦敦Lewisham Exchange双塔的功能为学生公寓，其也采用了模块+筒体+底框的组合结构，如图11-6所示。

建筑专业对于结构体系的学习既需要融合空间功能的要求，也需要有分解与组合的能力，建筑师不能只是在既有结构体系中做简单选择题，而是要有专业自信，勇于创造，同时还需要良好的沟通协调能力。

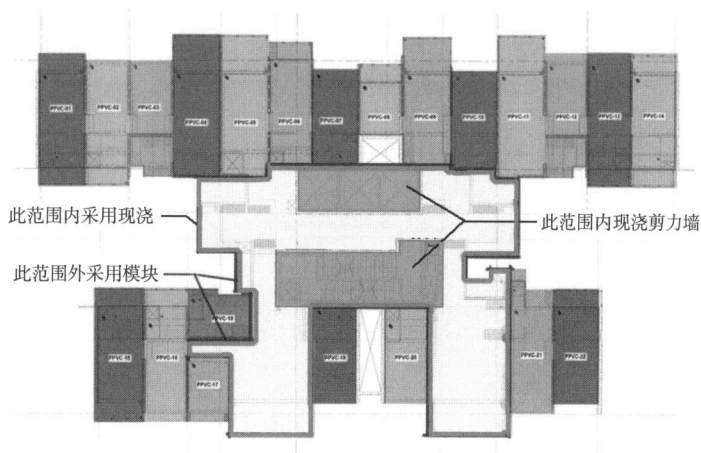

此范围内采用现浇
此范围外采用模块
此范围内现浇剪力墙

图11-4 新加坡Clement公寓

（a）

（b）

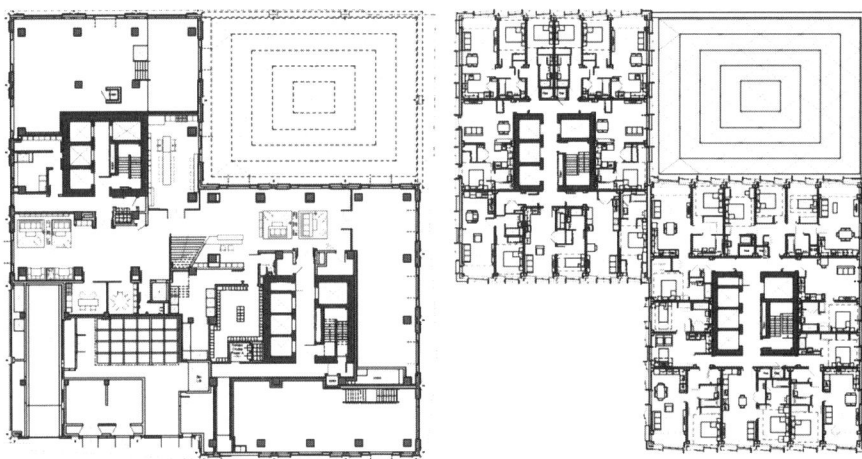

（c）

（d）

图11-5　伦敦十度（Ten Degree）学生公寓
（a）施工过程；（b）外观；（c）一层平面；（d）标准层平面

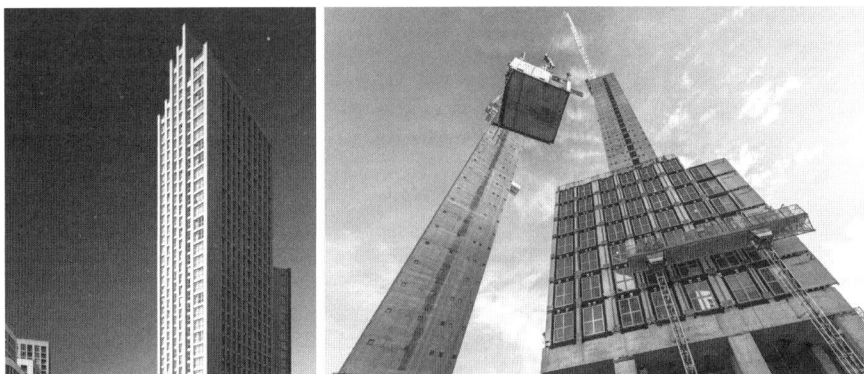

（a）

（b）

图11-6　伦敦Lewisham Exchange双塔
（a）外观；（b）施工过程

11.3

常用模块类型

1．模块结构分类

模块结构主要有两大类，一类是框架结构，另一类是箱体结构。

框架结构由框架结构梁、柱、顶板、底板及轻质墙板等共同组成（图11-7），主要用于钢结构和木结构模块。此类模块受力如框架结构，组合后的结构体系也类似框架结构，需要竖向构件垂直拉通，水平构件连接可靠。此类模块的垂直界面如同框架填充墙，不承担结构作用，因而可以组合形成较大空间，有较强的空间适应性和更广的应用范围。

箱体结构由顶板、底板及墙板等共同组成（图11-8），结构整体刚度大，主要用于混凝土模块，也可用于钢结构和木结构模块。与框架模块不同，箱体模块中的钢结构和木结构墙体是骨架承重墙，需要承担并传递竖向荷载。箱体结构模块的基本型有完整六面体或者四面体，其中六面体具有更强的刚度，四面体则具有一定的空间拓展性。此类模块可以将之视为空心的砌块，其通过砌筑形成的建筑可称为堆叠结构。结合建筑创作的需要，堆叠不仅是简单的竖向叠加，而且可以堆叠出丰富的建筑造型和独具特色的空间。但由于其竖向墙体有承载要求，故组合成大空间受限，仅可以通过墙上开设洞口局部连通空间。

无论是框架结构还是箱体结构，当其组合成高层建筑的时候，均需要加入抗推能力强的结构体系，以满足抵抗水平力的要求。

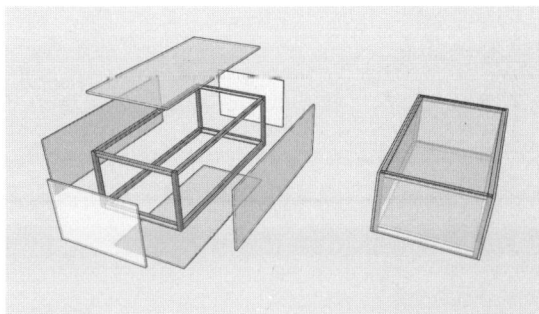

图11-7　框架结构模块示意图

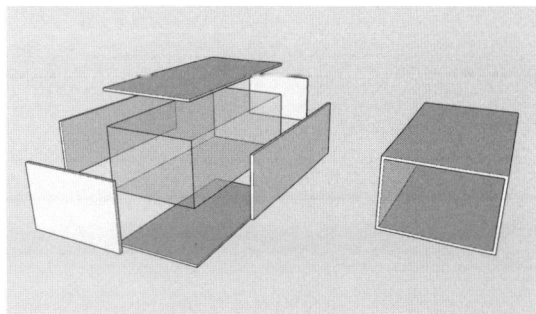

图11-8　箱体结构模块示意图

2．常用模块类型

根据结构材料和结构受力的不同，常用的模块类型包括钢结构框架模块、轻钢结构箱体模块、混凝土箱体模块、木结构框架模块、木结构箱体模块等。基于我国优秀的钢铁产业基础和丰富的混凝土工程经验，应大力发展钢结构模块和混凝土模块。由于资源条件的限制，木结构模块的应用受限，但仍然能够在小众细分市场中找到立足空间。

此外，随着我国旅游业的蓬勃发展，在旅游住宿用房中出现了形态丰富的创新模块。这类模块不仅形态创新，而且常采用新型复合材料，力争轻量化并方便安装。

（1）钢结构框架模块

如图11-9所示，钢结构框架模块的整体强度高，可用于多、高层建筑。其通常采用热成型的钢柱、钢梁形成框架主体，还可以通过加大框架柱截面或灌注混凝土来增强结构性能，从而用于30层以上的高层建筑。模块的楼板和顶板常采用轻钢骨架+面板体系，由于墙体不承重，故空间组合灵活，适应性强，且从轻量化角度应优先选择轻质墙体。

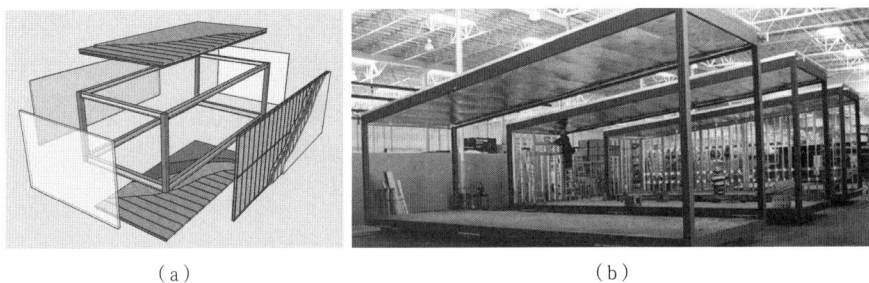

（a）   （b）

图11-9　钢结构框架模块
（a）示意图；（b）实物图

（2）轻钢结构箱体模块

如图11-10所示，轻钢结构箱体模块的自重轻，用钢量低，经济性较好。其墙体需要承载，且竖向承载能力较弱。六面体围合成箱体的过程中，底板是连接的关键。该模块通常用于低层建筑，也可以采用增设角柱和加设拉筋来加强结构，以提升该模块的适用高度。模块的墙体、楼板和顶板均采用轻钢骨架+面板体系，竖向荷载由墙体承担，因而空间灵活性不佳。

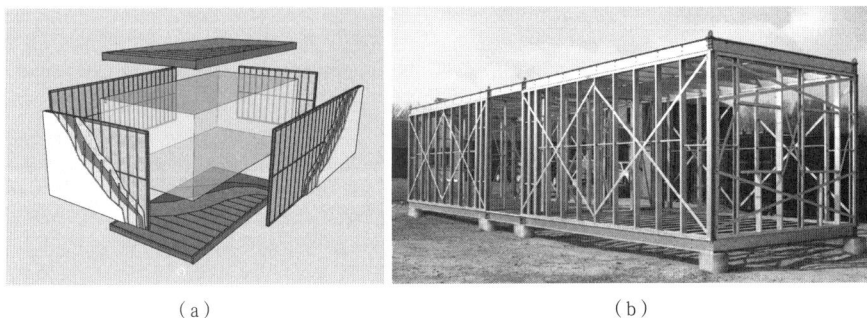

（a）   （b）

图11-10　轻钢结构箱体模块
（a）示意图；（b）实物图

（3）混凝土箱体模块

如图11-11所示，混凝土箱体模块的强度大、刚度高，耐火性能好，可用于高层建筑，但同时其自重大，对交通运输及施工安装要求高。和轻钢结构箱体模块相同，该模块的墙体需要承载。箱体既可以先采用台模生产单板再组合成箱体，也可以采用工具式大模板以提高生产效率，同时还应采用三明治构造方式和反打工艺，并尽量在工厂集成保温、防水、装饰等构造层次，以提升建筑质量，提高施工效率。

（a） （b）

图11-11 混凝土箱体模块
（a）混凝土箱体模块吊装；（b）3D工具式大模板生产

（4）木结构框架模块

如图11-12所示，木结构框架模块与钢结构框架模块相似，且自重更轻，加工方便，但由于其结构性能和耐火性能相对较弱，故主要用于低层建筑。模块的墙体、楼板和顶板常采用木龙骨+面板体系。由于框架体系提供了较好的空间灵活性，故该模块在小型公共建筑和住宅中采用较多。

（a） （b）

图11-12 木结构框架模块
（a）木结构框架模块实物图；（b）木结构框架模块吊装

（5）木结构箱体模块

如图11-13所示，该模块与轻钢结构箱体模块相似，且自重更轻，加工方便，但由于其结构性能和耐火性能相对较弱，故主要用于低层建筑。模块的墙体、楼板和顶板常采用木龙骨+面板体系。由于模块墙体需要承重，故空间不够灵活，主要用于住宅、宿舍和小型酒店等建筑类型。

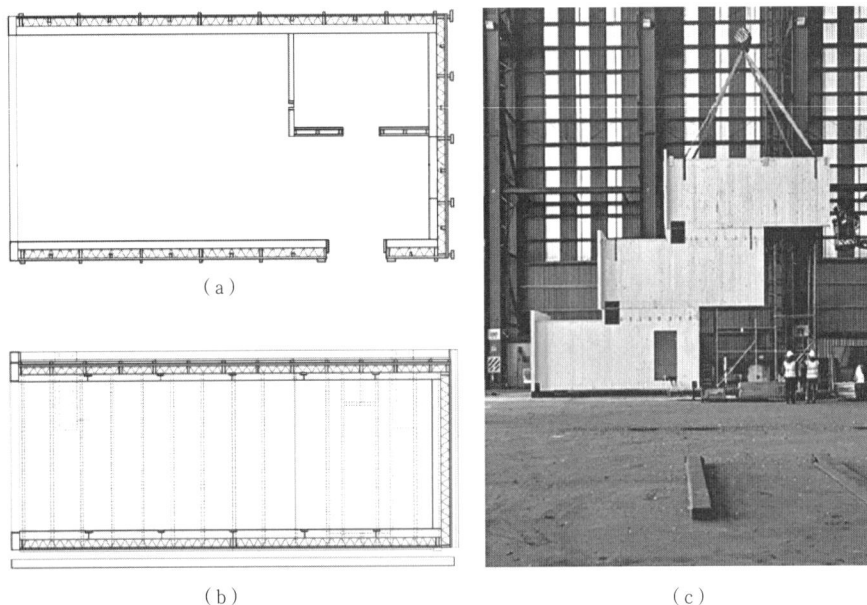

（a）

（b）

（c）

图11-13　英国戴森工程技术学院学生宿舍木结构箱体模块
（a）平面；（b）剖面；（c）预安装试验

（6）创新模块

如图11-14所示，随着我国人民生活水平的不断提高，野奢旅游、乡村旅游快速发展起来，配套的旅游住宿用房也因空间体验、造型特色、运输条件、建造速度和建筑造价的综合需要，出现了很多空间形态创新的新模块。这些创新模块突破了矩形体量的限制，例如形态创新的球壳、筒壳、圆管等模块，常采用金属、塑料和木材等复合板材，以及钢丝网架保温板等新型材料。在这一细分市场中，创新模块还大有可为。

图11-14　常见创新模块

图11-14 常见创新模块（续图）

本章回顾

从原理到体系，再到模块单元结构，这是一个从总体到局部的过程；同时，从局部到整体的思维过程也是重要的，而融会贯通的学习就是双向奔赴。无论是结构体系还是模块单元结构，都是为建筑空间与功能服务的，这是建筑学专业学习结构的起点和目标。对于6种模块类型，在学习和实践中也需要分析它们之间的异同，并了解其应用场景。

思考题与练习题

1. 请收集不少于3例的高层模块化建筑案例，试分析其结构体系的组成及特点。

2. 请收集混凝土和木结构箱体模块案例各不少于2例，试建模分析二者的结构体系和构造组成的异同。

3. 请收集钢结构框架模块和箱体模块的案例各不少于2例，试建模分析二者的结构体系和构造组成的异同。

4. 基于上述分析，试讨论框架模块和箱体模块在空间上的差异，并思考二者在材料、组成、生产、运输和安装上的不同及适用范围。

5. 请收集你感兴趣的创新模块，尝试从适用场景、形态特征、材料运用和快速连接等方面展开分析。

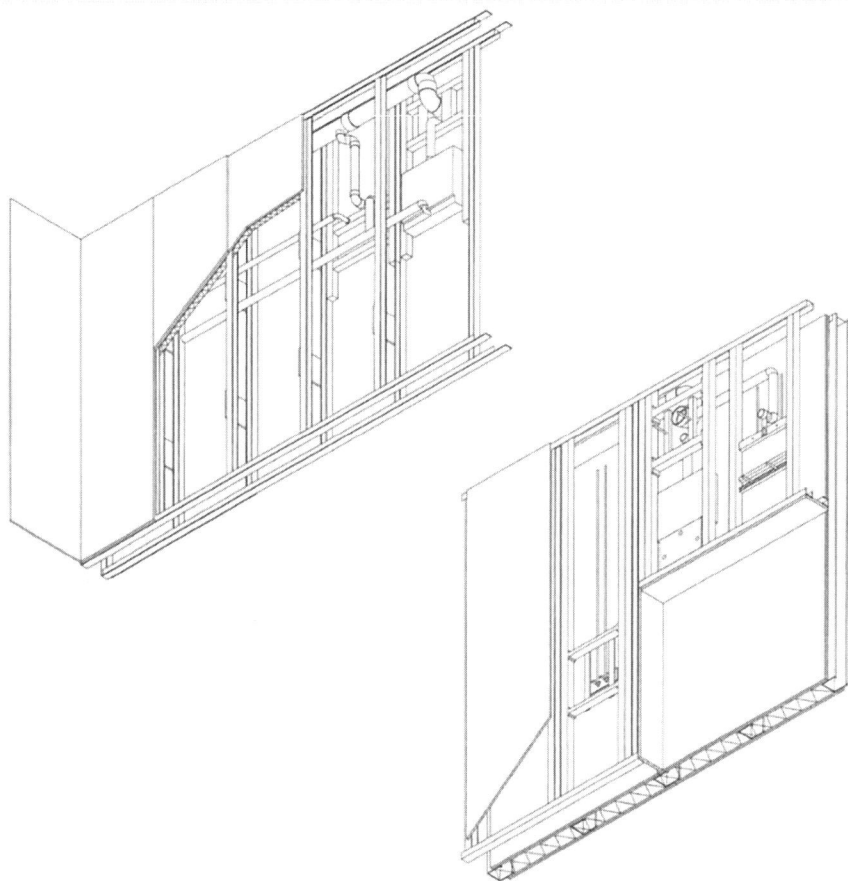

第12章

模块化建筑的界面构造

【本章导读】在模块化建筑中，首先需要厘清建筑部品、部件关系。随着建筑工业化的推进，传统的实体构造体系应用占比在下降，骨架+面板体系构造却因其自重较轻、生产制造便利、功能复合强大等因素而得以大量采用。模块的界面构造是由六面体内装界面和外墙界面组成。但与普通装配式建筑相比，模块化建筑在组合的过程中，同一空间位置出现多层界面的情况十分普遍，例如双层墙体、双层楼板等，且双层界面都有各自不同的基层和面层。

12.1

界面体系分类

模块的界面构造包括六面体中各个界面的基层、面层及功能层，它与模块结构是密不可分的。在不同的模块类型中，有的界面是装配式建筑的部品，有的界面则既是部品也是部件。在箱体模块中，墙体、楼板及顶棚均为结构部件，也是模块界面的基层，如图12-1所示；在框架模块中，墙体不承重，仅为建筑部品，但楼板、顶棚既为结构部件，也是模块界面的基层，如图12-2所示。

从构造形式看，混凝土箱体模块是实体构造体系，而其他类型的模块构造均为骨架+面板构造体系。从内外饰面的角度看，模块的界面构造是由六面体内装界面和外墙界面组成。从模块化建筑集成化的发展路径看，实体构造体系也应尽量在基层中集成各功能层和装饰面层，而骨架+面板构造则更有条件集成所有的构造层次。从模块的自重来看，实体构造体系比骨架+面板体系更重，但实体构造体系具有更好的耐久性。

由于每个模块都是独立的单元，故在模块组合的过程中会产生竖向和水平的双层界面，如图12-3所示。顶界面具有包括结构在内的完整功能，在叠

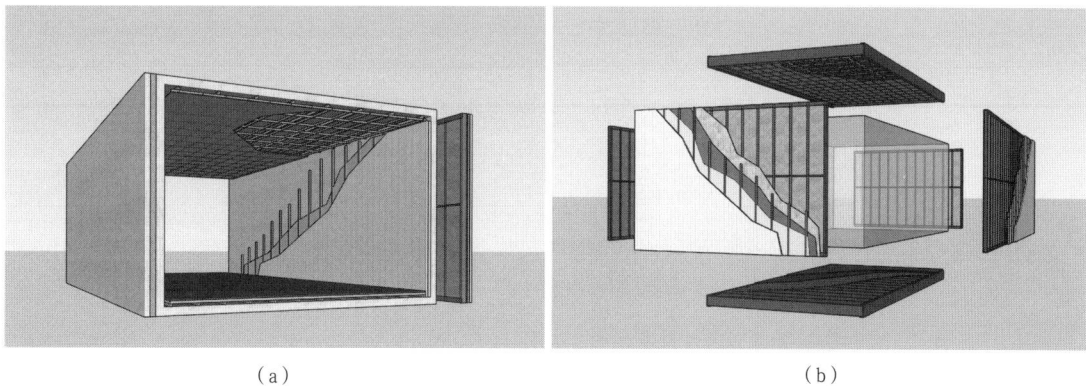

（a）

（b）

图12-1　箱体模块的界面体系组成
（a）混凝土模块（实体构造）；（b）木或轻钢模块（骨架+面板构造）

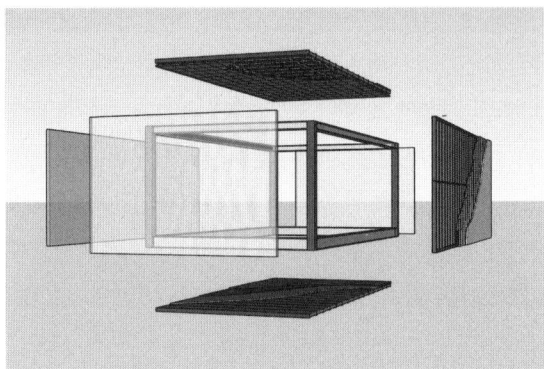

图12-2 框架模块的界面体系组成（骨架+面板构造）

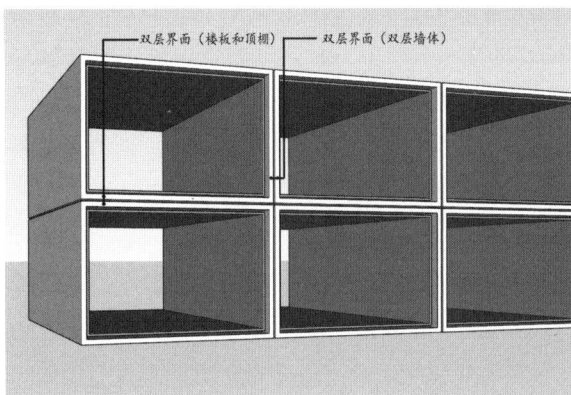

图12-3 模块组合后的双层界面

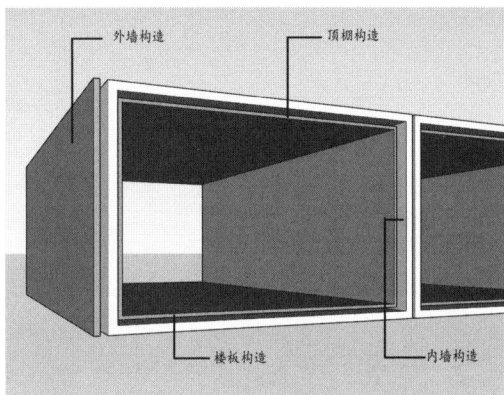

图12-4 模块界面构造细分

加的过程中，下部模块的顶界面与上部模块的底界面叠加。与普通装配式建筑不同的是，模块化建筑通常上、下层之间并不共用同一界面、同一基层，而是在叠合的水平面上有两层界面、两个基层，所以模块的顶界面既是结构部件也是建筑部品。简而言之，在模块化建筑中，顶棚既是结构部件也是建筑部品。同样地，相邻墙体之间也会出现双层界面，这与普通装配式建筑也是不同的。双层界面的产生对设计中定位轴线的选择也会产生影响，由于单、双轴线均可采用，故应按照遵循便于模块产品生产和建筑尺寸控制的原则出发进行选择，且应纳入策划设计前期的总体规划中。

根据不同的模块结构类型、主体材料和构造组成，模块界面可以分为实体构造体系和骨架+面板构造体系两大类；再结合模块组合后模块所处位置的内外关系，模块界面可继续细分为外墙构造、内墙构造、楼板构造及顶棚构造四类，如图12-4所示。

实体构造体系主要针对混凝土箱体模块。该体系无论外墙、内墙、楼板和顶棚都是以混凝土为界面基层，并应针对各个部位的构造要求，尽量集成面层和各功能层。考虑到管线分离的原则，不建议在混凝土中预埋管线，而应在各个内、外饰面层中采用骨架+面板体系为管线分离创造条件，如图12-5所示。

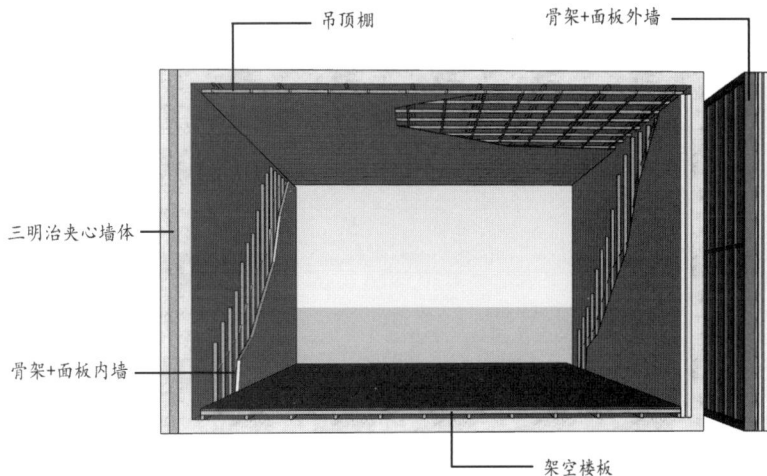

图12-5 混凝土基层采用骨架+面板饰面构造示意图

1．墙体

（1）外墙

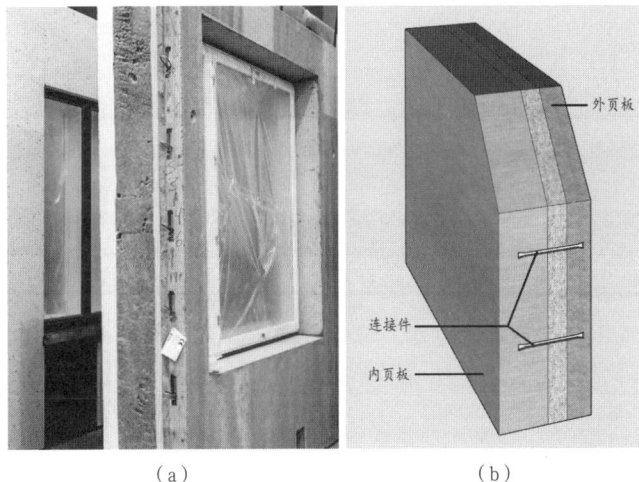

（a）

（b）

图12-6 三明治墙体
（a）实物图；（b）构造示意图

外墙不仅需要集成保温、防水等功能层，还应集成内、外饰面层。集成保温层可以采用三明治墙体方案，将保温层置于混凝土基层内，混凝土分为内、外页板将保温层包裹起来，从而避免了保温层脱落的风险，如图12-6所示。结合混凝土的生产工艺，发挥实体构造优势，外墙的外饰面可以采用反打工艺将石材、面砖等饰面材料复合在基层上，如图12-7所示。这样的饰面粘结牢固，极大地降低了外饰面脱落的风险，同时还可以采用水泥基防水涂料在饰面和基层之间做防水层。外墙的内饰面应优先

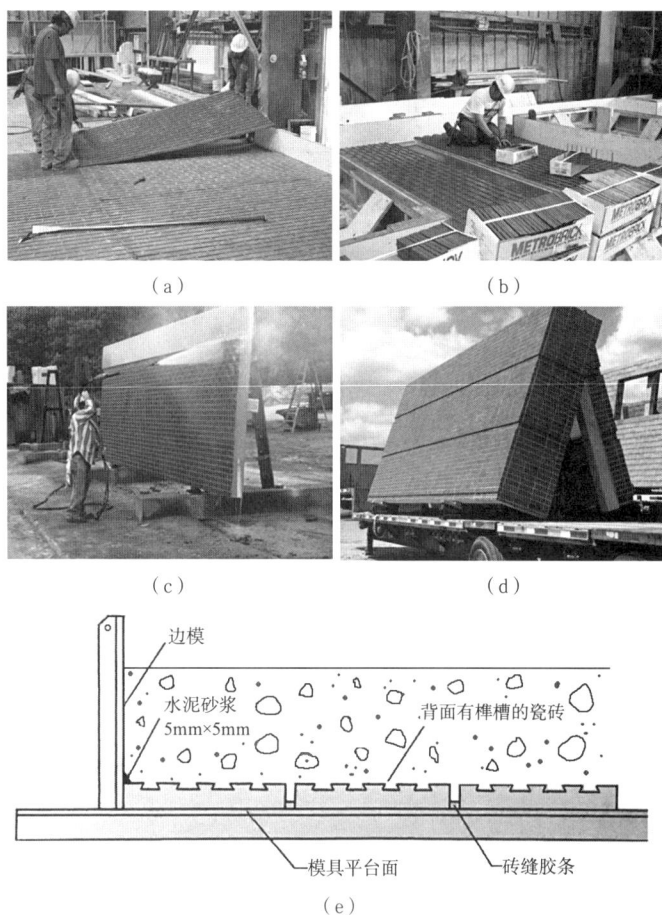

图12-7 反打工艺流程及构造示意图
（a）铺底膜；（b）排面砖及浇筑；（c）清洗；（d）运输；（e）构造示意图

选用骨架+面板体系，对于没有管线需要的墙体，也可以选用集成墙板或者薄抹灰饰面。

（2）内墙

根据其所处位置和房间的功能要求，内墙常考虑集成保温、防水、隔声等功能层。内墙的饰面层优先选用骨架+面板体系（图12-8），依据精细化设计，对于没有管线需要的墙体，也可以选用集成墙板或者薄抹灰饰面。内饰面的骨架+面板体系有多种方案，其中龙骨常用木龙骨或者轻钢龙骨，由于龙骨可固定在混凝土墙体上，故其截面高度主要考虑适配管线尺寸；面板的选择面较广，按照面材有无饰面层又可分为有装饰面和无装饰面两大类，从面板基层看有OSB板、胶合板、石膏板、硅钙板、GRC板等，饰面做法有涂料、墙布等。有装饰面的板材可减少工序，但板缝处理需注重美观；无装饰面的板材还需要再做饰面，工序较多，但立面光洁平整无拼缝。

（a）

- 阀门
- 连接件
- 水管路
- 外接盒
- 墙体基层
- 热水管
- 冷水管
- 吹风专用插座
- 插座
- 烘干机管道
- 洗衣机排水立管
- 嵌入式烘干机盒子

（b）

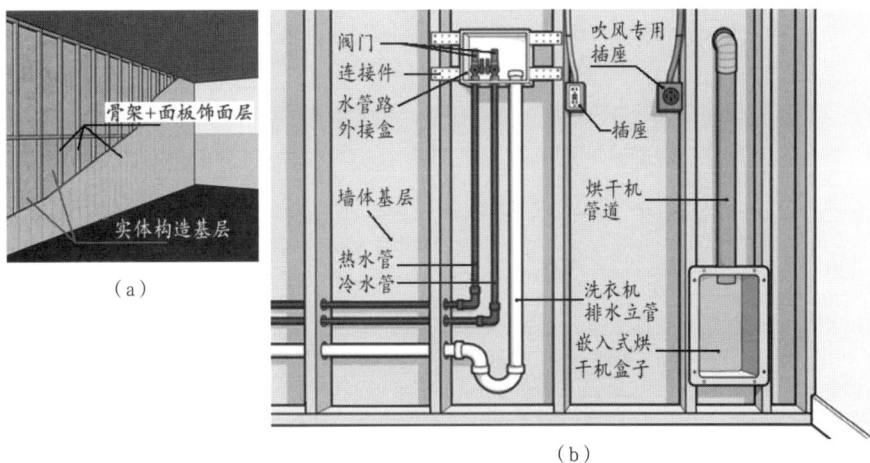

图12-8 骨架+面板内墙面
（a）构造示意图；（b）利用骨架空腔设置管线

2．楼板和顶棚

（1）楼板

根据其所处位置和房间的功能要求，楼板常需要集成保温、防水、隔声等功能，有的还需要集合地暖功能。由于模块是在工厂生产，故楼板功能层和面层在干法或湿法工艺上的选择比较灵活，但从生产效率的角度出发，还是应优先选择干法工艺和装配式施工。如果还有管线安装的需要，就应优先选择架空楼板，以保证管线分离，如图12-9所示。

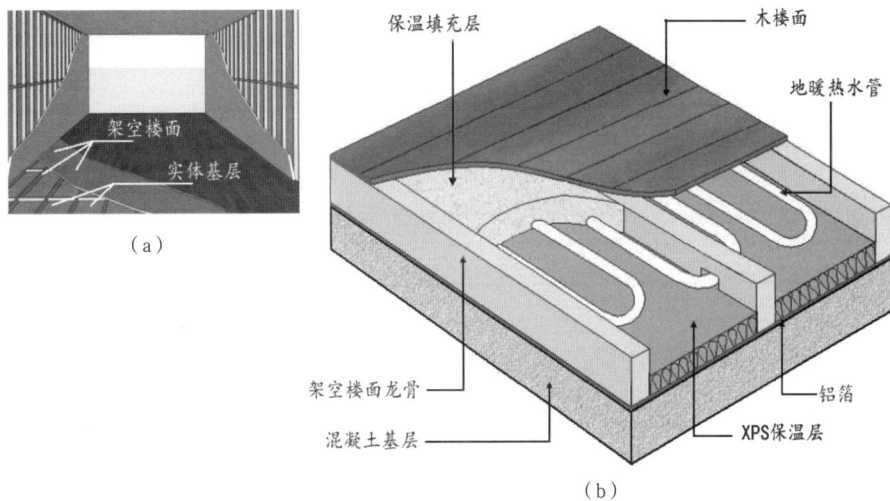

架空楼面
实体基层

（a）

- 保温填充层
- 木楼面
- 地暖热水管
- 架空楼面龙骨
- 混凝土基层
- 铝箔
- XPS保温层

（b）

图12-9 骨架+面板楼面
（a）构造示意图；（b）架空干法地暖楼面

（2）顶棚

顶棚需要集成管线和灯具等设备，故通常采用吊顶构造做法。但在运输高度的限制条件下，为获得更高的净高，就需要控制吊顶的深度，通常取100~200mm。如果有安装空调管道的需求，可结合室内设计，采用局部分层吊顶以容纳空调管道，如图12-10所示。吊顶龙骨通常采用木龙骨、轻钢龙骨和铝合金龙骨，饰面板有石膏板、硅钙板、OSB板和铝合金板等。

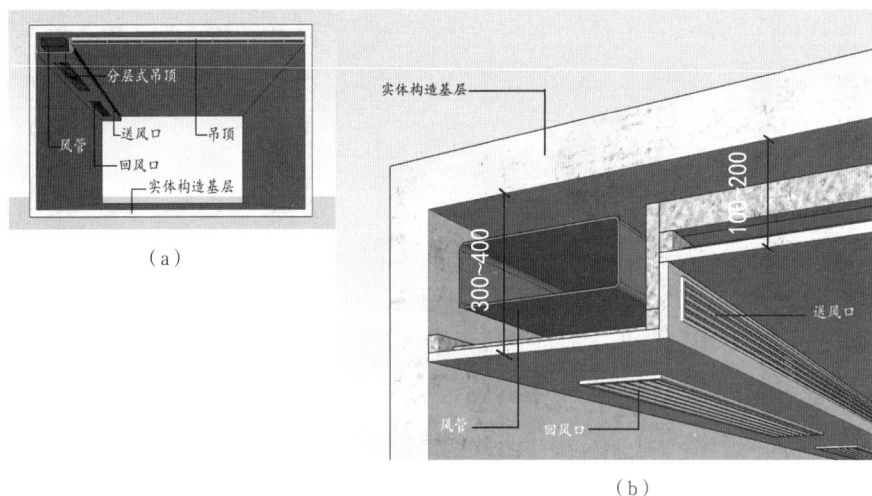

（a）

（b）

图12-10　局部分层吊顶
（a）整体构造示意图；（b）局部构造示意图

12.3 骨架＋面板构造体系

骨架＋面板构造体系的重量轻，在骨架空腔和面板中可较为方便地复合各个功能层次，且面板的选择也十分丰富，故其是模块化建筑的主要构造方式。墙体、楼板和顶棚的基层和面层都可以采用骨架＋面板构造体系营造，如图12-11所示。

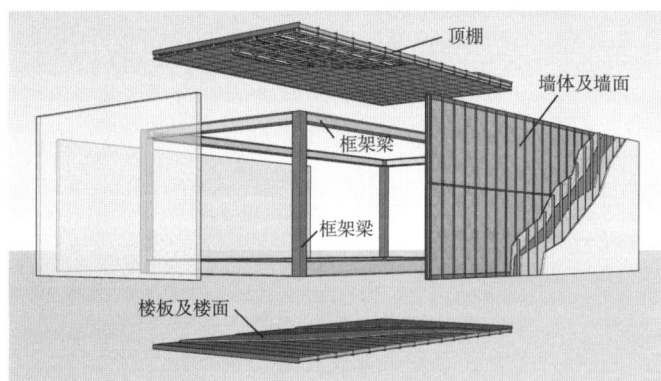

图12-11　框架模块中墙体、楼板和顶棚的骨架＋面板构造体系

1．墙体

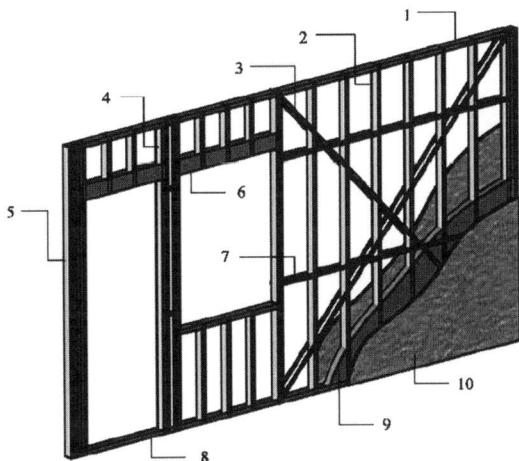

图12-12　骨架+面板墙体构造组成
1—顶部导梁（顶龙骨）；2—立柱（竖向龙骨）；3—交叉支撑；
4—洞口组合立柱（组合龙骨）；5—墙端组合立柱；6—过梁；
7—水平支撑；8—底部导梁（底龙骨）；9—保温层；10—覆面板

骨架+面板体系不仅可以作为非承重墙，也可以作为承重墙，甚至抗剪墙。与普通的轻钢龙骨石膏板隔墙相比，骨架+面板体系的墙体适用范围得到极大的扩展。

为了达到承重、抗剪的要求，墙体构造由立柱（竖向龙骨）、顶部导梁（顶龙骨）、底部导梁（底龙骨）、水平支撑、交叉支撑和墙体结构面板等组成；作为非承重墙可不设置水平支撑和交叉支撑，改为横撑龙骨，如图12-12所示。面板作为隔墙时不考虑蒙皮效应，没有结构要求；但作为承重墙的面板有结构作用，可选用的板材类型和厚度要求参见表12-1。

骨架+面板承重墙体覆面板可选择的材料及要求　　　表12-1

类型	OSB板	纸面石膏板	硅酸钙板			纤维水泥板			钢板
			高密度	中密度	低密度	高密度	中密度	低密度	
厚度/mm	9	12	6	7.5	8.0	6	8	10	0.6

（1）外墙

外墙需要集成保温、防水、隔声等功能层，并考虑集成管线。

由于骨架+面板构造质量轻，和实体构造相比，隔声能力相对较弱，故需要在骨架的空腔中设置隔声层，一般是在竖向龙骨的厚度范围内装设隔声棉来增强隔声能力。此外，面板的厚度和质量也对墙体的隔声能力有影响，但考虑到轻量化的要求，应优先采用在骨架空腔中设置隔声层。

外墙保温主要采用外保温方案，需要在骨架外覆面基板上设置保温层，分为无骨架和有骨架两类构造，如图12-13所示。在无骨架方案中，外保温可以选择保温装饰一体板，并采用粘挂的方式固定在基板上。在有骨架方案中，根据装饰面板的不同，骨架又有不同的形式，但都应固定在墙体的龙骨上，同时利用骨架的厚度设置保温层。

外墙的防水通常是在外覆面板的外侧、外保温层的内侧设置防水透气膜。当然，外饰面板间的缝隙也必须做密闭处理，通常采用泡沫胶条和现注密封胶密封。

骨架+面板构造具有空腔，其内可以安装管线，故常规的电线套管及给水管都可以安装在空腔中。需要注意的是，虽然非承重墙体基层和任何墙体

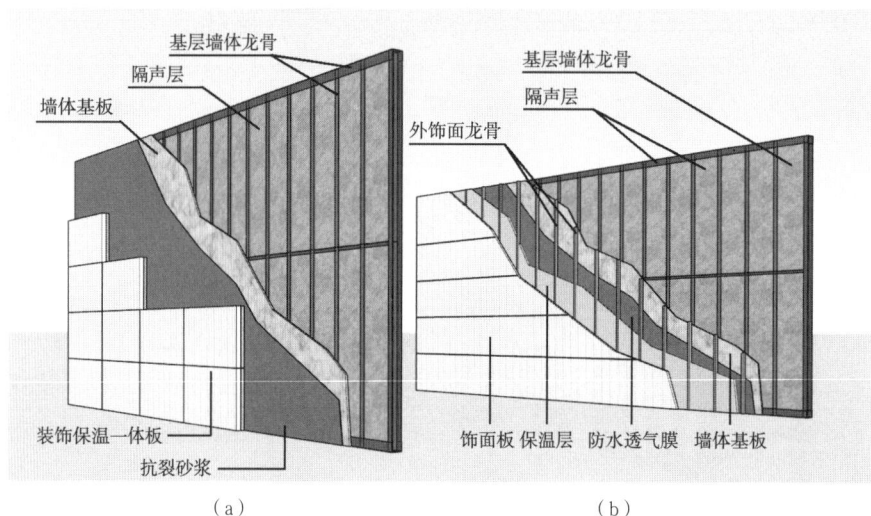

图12-13 外墙构造组成示意图
（a）无骨架外保温；（b）有骨架外保温

面层的空腔中都可以集成管线，但根据管线分离的原则，承重墙体基层的空腔通常不敷设管线。

图12-14 利用空腔集成管线

（2）内墙

根据其所处位置和房间的功能要求，内墙需要考虑集成保温、防水、隔声等功能层。

内墙的隔声构造与外墙相同，在空腔中设置隔声层。内墙的防水做法是在覆面板基层上粘贴卷材或涂刷防水涂料。内饰面若不考虑管线集成，则可以采用涂料、墙布等饰面做法；若需考虑管线集成，则应采用骨架+面板构造，利用其空腔安装管线，如图12-14所示。饰面板既可以考虑自带装饰的集成墙板，也可以采用OSB板、纸面石膏板等板材，并在其上再做饰面层。

2．楼板和顶棚

（1）楼板

楼板由檩条（含支撑）、基板、面层和功能层等组成。若需考虑管线集成，则楼板应采用骨架+面板构造体系，利用其空腔安装管线，如图12-15所示。檩条常采用C形轻钢龙骨，檩条之间的联系分为檩间X形支撑、水平拉条和刚性横撑等形式，如图12-16所示；基板主要采用OSB板、ALC板和GRC板等板材；面层有架空和非架空两类做法；功能层主要包括隔声层、保温层

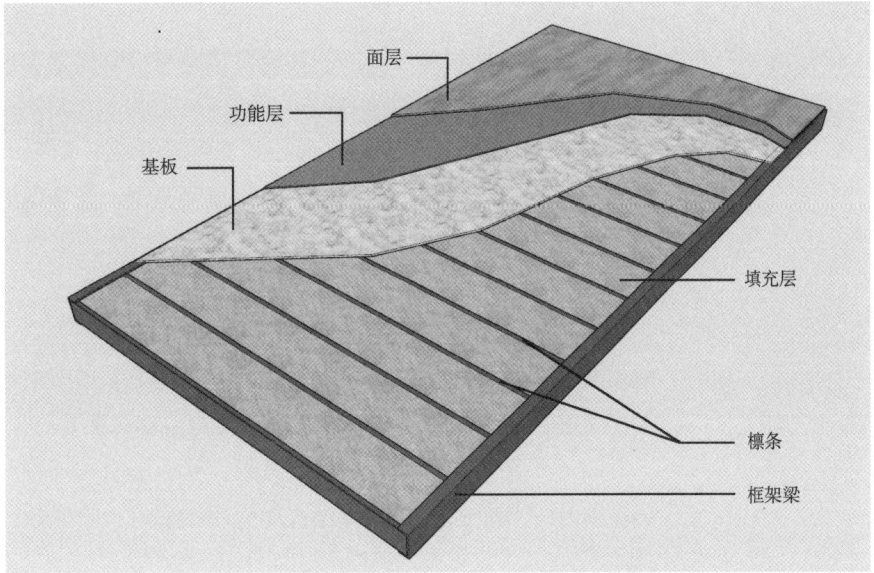

图12-15　骨架+面板体系楼板组成示意图

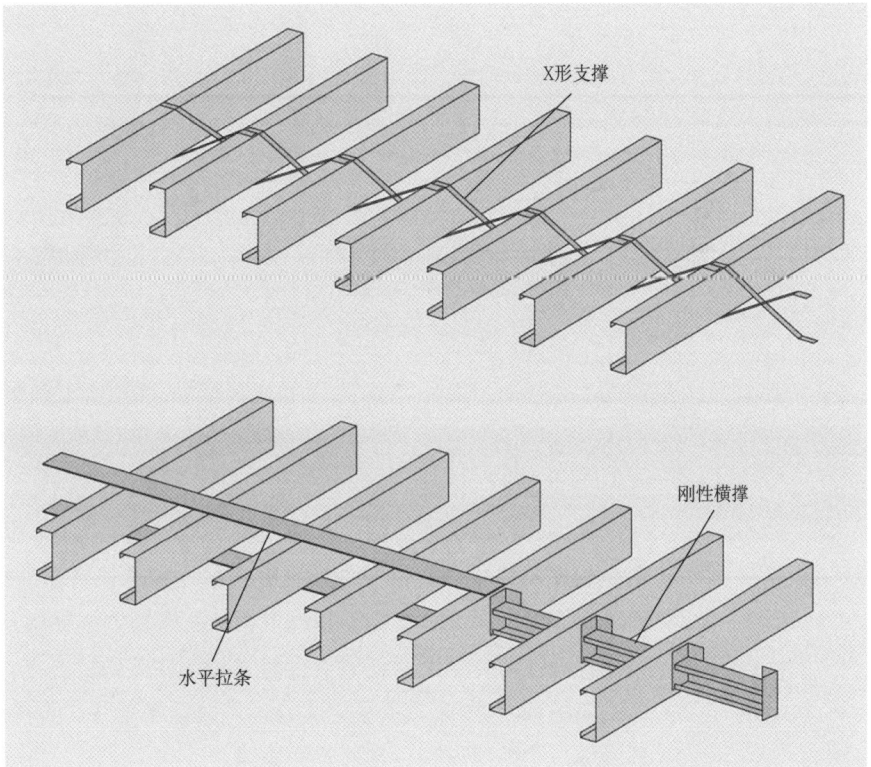

图12-16　檩条间的联系方式示意图

和防水层等。

根据其所处位置和房间的功能要求，楼板常需要集成保温、防水、隔声等功能。

与墙体相同，由于骨架+面板构造的质量轻，对隔声不利，尤其是隔绝撞击声，因此楼板要在楼板空腔中设置隔声层，在檩条的高度范围内装设隔声棉（可兼作为保温层），同时还需要在楼板的垫层中设置隔声垫，形成浮筑式楼板。

当楼板需要集成设备管线时，可以利用体系空腔排布管线，并通过在C形轻钢龙骨中开设洞口形成管线通道。当楼板设置架空面层时，也可以在架空空腔中排布管线，例如装配式地暖地板，参见图12-9。

由于运输的限制，模块高度有限，楼板层结构高度对净高影响较大，尤其是在框架模块中，应合理连接楼板与框架梁，将楼板檩条的顶面与框架梁顶面齐平，以获得更大的净高，如图12-17所示。

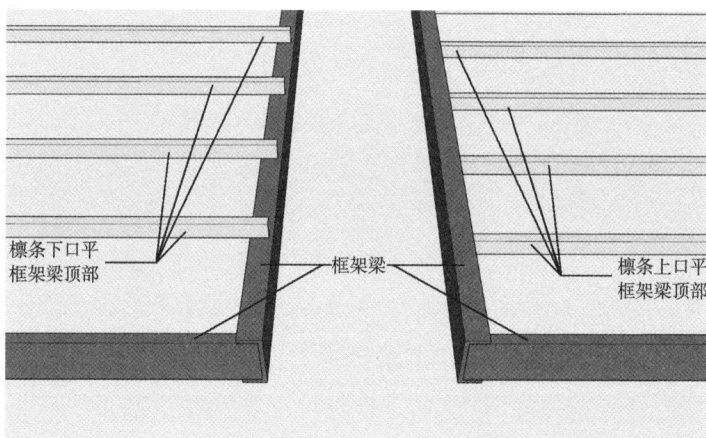

图12-17 楼板檩条与框架梁的相对关系示意图

（2）顶棚

顶棚的构造与楼板相似，但顶棚不承担楼板荷载，负荷较小，其主要作用是构建箱体模块的顶面，增强框架模块的整体性。顶棚通常采用C形轻钢龙骨做骨架，辅之以支撑；以OSB板、石膏板、硅钙板及各类装饰一体板做面层；面层与骨架之间还需要设置龙骨，并采用钉、挂、卡等方式与骨架连接，如图12-18所示。顶棚空腔内也可以排布管线，同样是在C形轻钢龙骨中开设洞口（图12-19），形成管线通道。

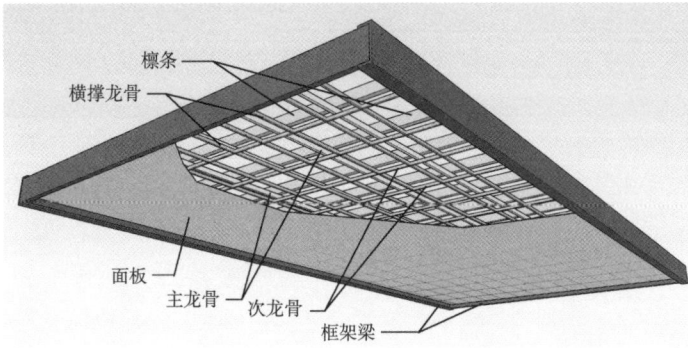

図12-18 骨架+面板体系顶棚组成示意图

图12-19 轻钢龙骨开设洞口

图中标注:檩条、横撑龙骨、面板、主龙骨、次龙骨、框架梁

本章回顾

模块的界面构造，主要分为实体构造体系和骨架+面板构造体系，特别是骨架+面板体系的构造设计难度和综合性都很强。其构配件种类繁多，使用的材料类型大为增加，复合的功能层次更多，对空间三维解析能力的要求更高，而且多个界面的集成也增加了其构造设计的综合性和复杂性。

思考题与练习题

1. 请比较混凝土箱体模块和钢结构框架模块中各个界面的构造基层与面层的不同。

2. 请比较混凝土箱体模块和轻钢结构箱体模块中各个界面构造基层和面层的异同。

3. 请建模整合骨架+面板体系中外墙的整体构造组成，包含基层和内外面层。

4. 请建模分析模块单元中，骨架+面板体系的楼板和顶棚构造组成的异同。

第
13
章

模块化建筑的造型

【本章导读】"建构"一词具有物质和文化上的双重属性，是建造逻辑的不同表达层次。模块化建筑因其特殊的堆叠建造逻辑，提供了新的造型思路和创作手法，但它同样要遵循结构和构造逻辑。立面多样化仍然是模块化建筑，以及整个工业化建筑发展中必须面对的问题，而当代生产制造工艺为此提供了充分的可能性。建筑师应充分了解和利用立面多样化，并追求标准化和多样化的平衡。最后，工艺的进步必然会产生新的工艺之美，从而为建筑审美带来新的视野。

13.1 建构与表达

"建构（Tectonic）"一词源自希腊文，其最初形式为希腊文的"泰可顿"（Tek-ton），意为木匠或建造者。最先在建筑中使用"建构"一词的是德国人卡尔·奥特弗里德·缪勒（Karl Otfried Muller）。在1830年出版的《艺术考古学手册》中，缪勒试图通过对一系列艺术形式的分析澄清"建构"的意义。器皿、瓶饰、住宅、人的聚会场所，它们的形成和发展不仅取决于实用性，而且取决于与情感和艺术概念的协调一致。缪勒将这一系列活动称为建构，而建筑则是它们的最高代表。

1851年，戈特弗里德·森佩尔发表《建筑艺术四要素》，在"建构"的含义中注入了文化人类学成分，提出了原始住宅的四个基本元素：基座、壁炉、构架/屋面、轻质围合表皮。此外，森佩尔还将建造技艺分为两种基本类型：一种是由线状构件组合而成的用于围合空间的构架体系（The Tectonics of the Frame），另一种是在厚重元素的重复砌筑中形成体块和体量的砌体结构（The Stereotomics of the Earthwork）。这一结论与今天所称谓的骨架+面板体系和实体建造体系的分类是吻合的。

肯尼思·弗兰姆普敦在其著作《建构文化研究：论19世纪和20世纪建筑中的建造诗学》中指出："本书无意否定建筑形式的体量性，它寻求的只是通过重新思考空间创造所必需的结构和构造方式，传递和丰富人们对建筑空间的认识。"这说明弗兰姆普敦研究建构的关注点仍然在空间艺术层面上，所以他再次说明："我在本书里关注的并不仅仅是建构的技术问题，而更多的是建构技术潜在的表现可能性问题。"最后，弗兰姆普敦还强调："建筑首先是一种构造，然后才是诸如柯布西耶在1925年的《走向新建筑》中'给建筑师们三项备忘'时所涉及的表皮、体量和平面等更为抽象的东西。"

在这本著作中，肯尼思·弗兰姆普敦的本意是对后现代主义的批判。正如他所指出的那样，"建筑是具有物性的物体，而不是符号。""建构的观点与眼下那种用别的什么思想理论来判断建筑正当性的做法可谓风马牛不相及。"该著作通过对"建构"的深入研究，引入"建构"作为一种解释分析建筑的方法，并通过历史与现实案例的分析，为建筑创作提供了更广阔的视野和工具。所以，要将"建构"应用于模块化建筑造型的分析上，就必须立足于模块生产和建造的逻辑，并着眼于空间与造型艺术。

与其他建筑的"建构"逻辑相比，模块化建筑同样遵循结构逻辑、构造逻辑，但同时还加入了其独具特色的建造逻辑。与森佩尔提出的两类建构类型——"构架结构和砌筑结构"相比，模块化建筑最显著的特征就是堆叠建造，因此体量堆叠是其建造逻辑的核心，也是应着重思考其表现性的部分。

除此之外，立面多样化既是一个现实的需求，也是工业化建筑最具潜力的部分。长期以来，标准化设计似乎意味着建筑立面的单一乏味，而现实却是：一方面，立面相关部品、部件的工业化生产恰恰是很擅长多样化的，尤其是当代柔性生产工艺的发展，提供了多样化的弹性空间；另一方面，在个性化需求成为刚需、审美多元化成为常态的背景下，立面多样化的成本增加可以被市场接纳。

最后，工艺之美是一个相对隐性的建造特点。与现场手工作业相比，工厂化生产的部品、部件及模块单元具有更高的精度。此外，与手工业产品的怀旧审美不同，工业化产品更具有时代感、科技感与未来感的审美特征。

当然，新的建造逻辑会产出新的建构特征，但必须考虑到社会大众的接受过程。如何拿捏好新建构特征消隐与呈现的度，是一个较为长期的、审美客体与主体互相适应的过程。

13.2 体量堆叠

如前所述，体量堆叠是模块化建造的基本逻辑，例如Habitat 67、东京中银舱体大楼、The Stack等项目均反映了这一特征。此外，在非模块化建造的案例中也有追求体量堆叠效果的取向。例如，在BIG建筑事务所的居住类项目中，经常用到堆叠（Stack）、模块（Module）、像素（Pixel）等关键词，无论是否采用了模块化建造，在其诸多住宅项目中都体现出模块堆叠的效果。又如，大都会建筑事务所（OMA）设计的新加坡翠城新景（The Interlace），以及赫尔佐格和德梅隆设计的维特拉家居博物馆，都采用了堆叠意向，如图13-1所示。这说明模块堆叠不仅是建造逻辑的体现，其表达也具有一定的独立性，且已然成为设计创作的手法，可以回应尺度协调、景观融合、立面深度等建筑学基本命题。

体量堆叠中，模块组合既可以形成与现代建筑一致的造型，也可以发挥堆叠的优势，形成更加丰富的体量变化，如图13-2所示。模块的平面组合较为常规，通常有单向、双向、围合和自由组合等方式。模块的竖向组合方式非常丰富，也是最具有创造力的部分，包括对位叠加、凹凸、退台、旋转及架空等方式。需要注意的是，平面组合和竖向组合是体量堆叠整体思考中的

图13-1 具有堆叠意向的建筑造型
（a）新加坡翠城新景（The Interlace）；（b）维特拉家居博物馆

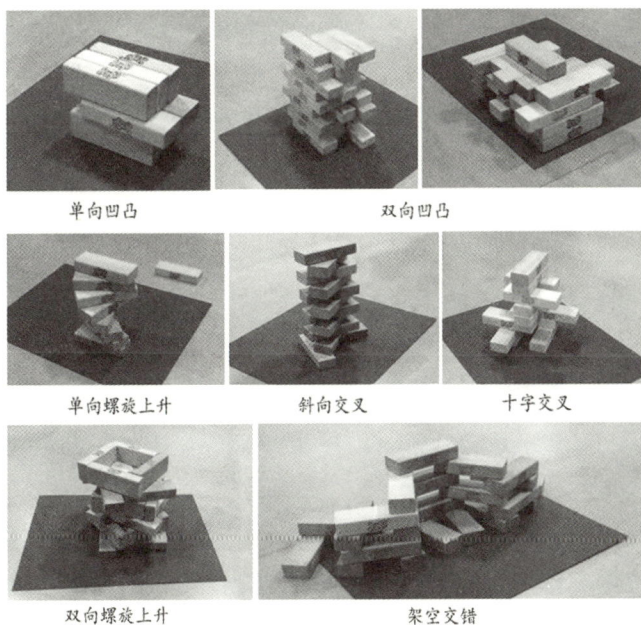

单向凹凸　　　　　　双向凹凸

单向螺旋上升　　　斜向交叉　　　十字交叉

双向螺旋上升　　　　　架空交错

图13-2 模块堆叠模式示例

不同侧面，设计中不能陷入形体操弄的自我满足，其前提和目标均应基于城市、景观和建筑的整体思考。

对位叠加的堆叠方式可以形成经典的建筑体量，如矩形、折线形、弧形、院落等形态，住宅、宿舍和酒店等大量性建筑通常采用竖向对位叠加的方式。例如，图13-3所示是新加坡南峰雅苑住宅，它是目前世界上最高的模块化建筑，高度191m，共59层，采用模块对位叠加方式组合形成了两栋经典造型的矩形体量板楼；图13-4所示是美国洛杉矶CitizenM DTLA酒店，由我国中集模块化建筑投资有限公司（MBS）参与建设，组合形成转角矩形体量；图13-5所示是美国硅谷CitizenM Menlo Park酒店，其模块单元也是由中集模块化建筑投资有限公司提供，由161个模块组成了折线形形体；图13-6所示是BIG建筑事务所设计的丹麦蜗牛屋（Sneglehusene）住宅，其采用模块组成了螺旋形的形体，由此得名蜗牛屋。

采用凹凸变化、十字交叉、螺旋上升、连续退台、自由延伸等构形手法，不同的堆叠方式可以创造更具创造性的形态。图13-7所示是斯洛文尼亚的伊佐拉社会住宅（Izola Social Housing），其模块组合采用强烈的凹凸变化，建筑体量感十足，同时辅之以强烈色彩对比，韵律分明。图13-8所示是美国纽约The Stack模块化公寓，其模块在下部对位整齐排列，在顶部则略有凹凸，从而形成了微妙的体量变化，但模块尺度还是较好地联系了既有建

155

图13-3　新加坡南峰雅苑住宅

筑，并较为巧妙地融合了新旧建筑。图13-9所示是英国戴森工程技术学院学生宿舍，其采用连续退台的方式，很好地适应了地形，并创造了舒缓且舒适的室内外空间。图13-10所示是BIG建筑事务所在厄瓜多尔首都基多设计的IQON住宅。该建筑并未采用模块化建造，但造型上在街道转角局部采用了螺旋上升的组合方式，形成了强有力的视觉冲击力。图13-11所示是隈研吾在中国台湾省花莲县设计的星巴克咖啡馆，其采用集装箱堆叠，以十字交叉的方式组合模块，配以白色箱体，创造了轻盈通透的堆叠造型。图13-12所示是位于中国山西省太原市的城市创意展厅，众建筑事务所的设计师将集装箱采用连续十字交叉的堆叠方式进行组合，创造出了灵活开放的大空间。

图13-4　洛杉矶CitizenM DTLA酒店

图13-5　硅谷CitizenM Menlo Park酒店

图13-6　丹麦蜗牛屋（Sneglehusene）

图13-7　斯洛文尼亚的伊佐拉社会住宅
（Izola Social Housing）

图13-8　纽约The Stack公寓

图13-9　英国戴森工程技术学院学生宿舍

图13-10　基多的IQON住宅

图13-11　台湾省花莲县星巴克咖啡馆

图13-12　山西省太原市的城市创意展厅

13.3 立面多样

立面多样化一直以来都是工业化建筑面临的主要问题之一。在过去，立面标准化是标准化设计的基本组成部分，或许又因成本限制了立面的多样化。但过分整齐划一的立面不仅得不到社会大众的认可，而且在很大程度上限制了工业化建筑、模块化建筑的推广。

如前所述，如果能在体量堆叠上有形体的变化，则即便是采用标准化的立面也能形成富有变化的整体造型。虽然建筑学专业常常关心立面的造型潜力，但对于当下的建筑工业化进展也应有基本的了解。

(a)

(b)   (c)

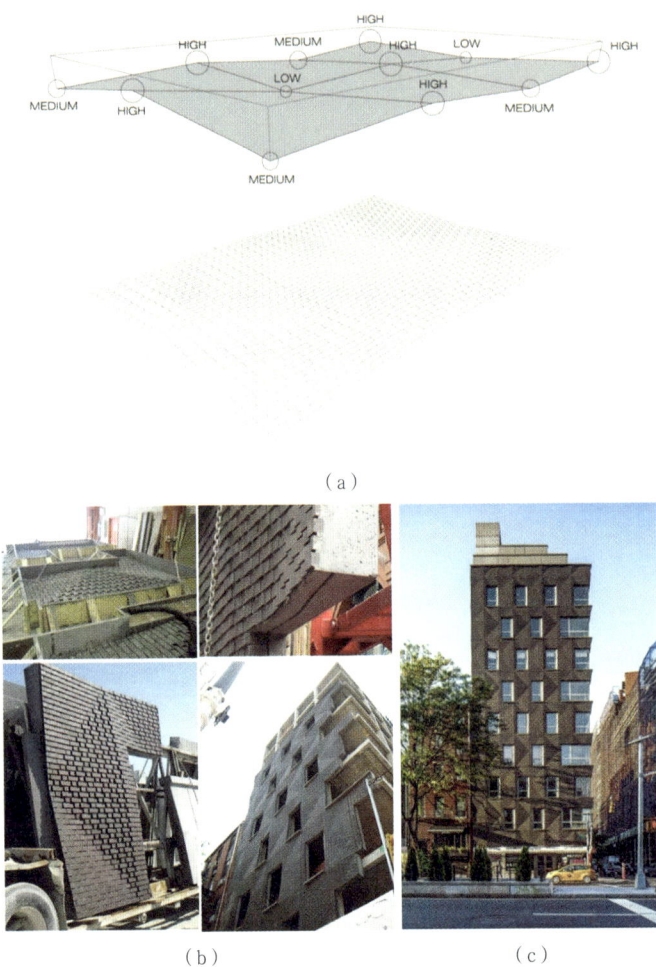

图13-13　纽约290 Mulberry公寓
（a）外墙参数化设计；（b）外墙生产、运输、安装过程；（c）建筑外观

和过去相比，当下的建筑工业化基础已经有了相当大的变化。一方面，诸如资金压力、工期紧张和劳动力欠缺等问题所导致的成本增长正在或已经可以覆盖立面多样化的成本增加；另一方面，工厂的生产工艺也有了很大的变化，柔性生产（Flexible Production）被广泛引入建筑工业化生产。柔性生产工艺能够对市场需求作出快速响应，实现并行生产，建筑信息系统的引入统领了设计、生产、运输和施工全过程，实现智能制造。

以ShoP事务所设计的纽约290 Mulberry公寓为例。该建筑创造性地运用了外墙模块单元，并且在尊重当地文脉的基础上仍有创新。纽约290 Mulberry公寓位于纽约的历史街区中，当地法规要求该建筑必须为砖石建筑外观，而且砖石肌理在100英尺（30.48m）的范围内只允许有10%的变化。建筑师和生产商、施工方密切协调，用参数化的方式生产了独具特色的外墙模块单元，如图13-13所示。该模块将墙面划分为多个折面，并采用反打工艺集成了饰面砖，从而既满足了地方性法规的要求，又创造了新的肌理。这样的立面模块独一无二，也充分说明了当下生产能力和工艺水平可以满足立面多样性，甚至是创造性的要求。

除了立面模块单元创新带来的多样性以外，立面的多样化还体现在立面的组合上，主要的表现形式有虚实对比、韵律节奏、色彩变化等。此外，工厂化生产带来的便利性，也使得立面深度的探索有了更多的可能。

图13-14所示是伦敦的Stow-away Waterloo酒店。这是一个采用30英尺（9.14m）的集装箱堆叠而成的酒店，其选择上下对位堆叠，堆叠方式简洁，但使用了薄钢板的立体遮阳。遮阳阴影加强了立面的虚实对比，产生了光影变化，且整体采用浅色涂装，轻盈活泼；同时，在遮阳的内侧还采用砖红色涂装，与周围砖红色砖石建筑环境相呼应。

图13-15所示是BIG建筑事务所设计的加拿大卡尔加里泰勒斯大厦（Telus

（a）

（b）

（c）

（d）

（e）

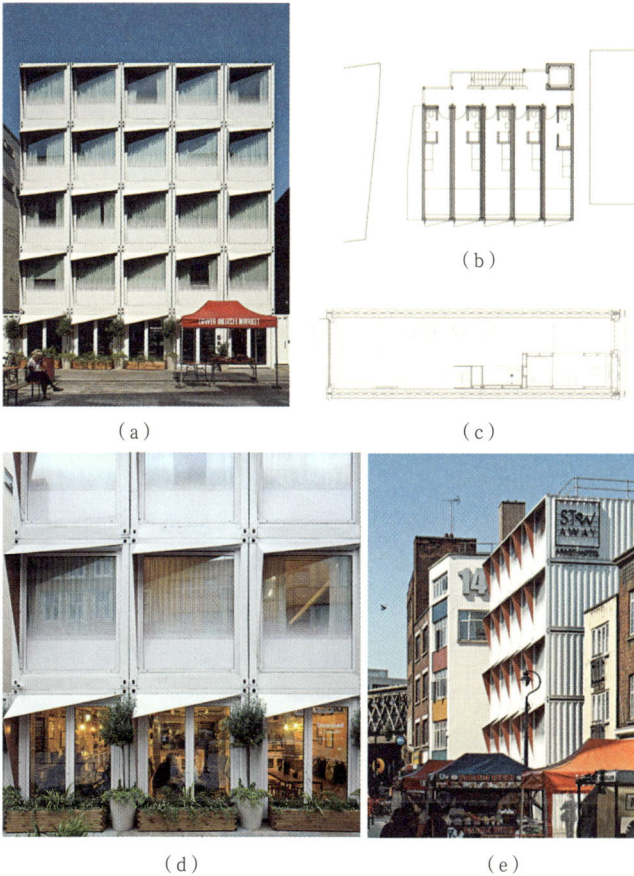

图13-14 伦敦Stow-away Waterloo酒店
（a）建筑外观；（b）建筑平面；（c）单元平面；（d）局部立面；（e）建筑环境

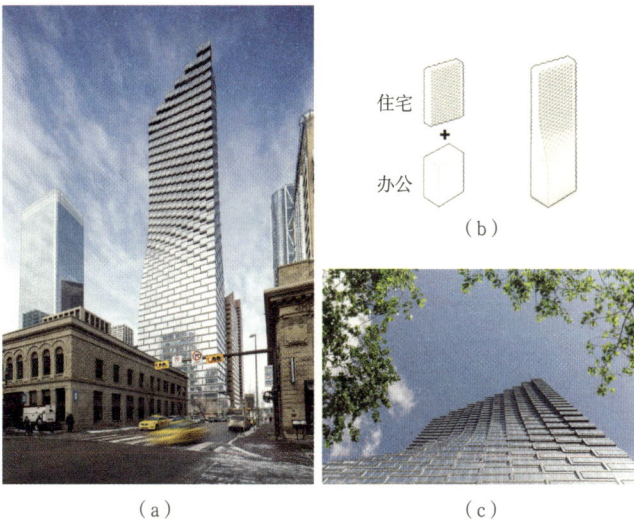

住宅

办公

（a）

（b）

（c）

图13-15 加拿大卡尔加里泰勒斯大厦（Telus Sky）
（a）整体外观；（b）功能与体量生成；（c）局部外观

Sky）。该项目是一个下部办公、上部居住的高层综合体，虽然其没有采用模块化建造方式，但选用了模块化的立面造型手法。卡尔加里泰勒斯大厦在从下部大进深办公过渡到上部小进深住宅的过程中，其模块单元也从下至上逐渐变小，从而使建筑更加高大挺拔，充分展现了富有韵律感的模块化立面。

图13-16所示是澳大利亚墨尔本A″Beckett Tower大厦。该项目利用锯齿形阳台生成了具有模块化特征的立面，并在阳台遮阳的顶棚和侧板上进行不同色彩的涂装，从而形成色彩鲜明、富有个性的立面特征。虽然该项目并非模块化建筑，但其利用色彩进行立面多样化创作的思路是值得模块化建筑立面设计借鉴的。

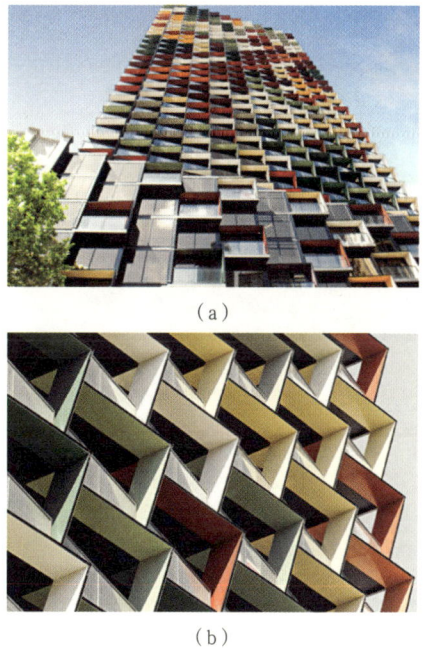

（a）

（b）

图13-16 墨尔本A″Beckett Tower大厦
（a）建筑外观；（b）阳台局部色彩搭配

提及工艺之美，就不得不涉及威廉·莫里斯践行的"工艺美术运动"。工艺美术运动是在抵抗工业化大生产的时代背景中产生的，其提倡的是传统手工艺，所以讨论模块化建筑的工艺之美似乎与之格格不入，但工艺美术运动思想的影响延续至今。因此，工艺之美不应，也不能仅停留并局限在传统手工艺中。

工艺一词是指劳动者利用各类生产工具对各种原材料、半成品进行加工或处理，最终使之成为成品的方法与过程。在数字制造时代，传统手工艺也正在经历变革，例如3D打印机与陶瓷业，以及数字纺织机与纺织业等。虽然工艺在改变，但传统手工艺之美仍可体现人性的价值，其与情感体验、文化认同、个性识别等当代心理需求密切关联。因此，模块化建筑不能只是制造与安装的结果，也不能只是结构设计与设备设计的累加，其更需要建筑师的深度参与，以之传递人性的关怀。美术是追求理想之美，工艺是接近现实之美，而模块化建筑是具有实用价值的技艺结合体，自然具有工艺之美的属性。同时，模块化建筑还基于当代系统精密的先进制造工艺，故而更应体现和表达当代工艺之美。

模块化建筑到底有哪些工艺特征呢？标准化设计、模块化生产、装配化施工和智能化管理是对模块化建筑整体工艺的总体描述。与第二次世界大战战后初期为了快速解决居住问题的工业化建筑相比，建筑工业化已经成为当代建造的主流工艺，大型制造设备让大尺度部品、部件加工成为可能，柔性生产极大地增强了选择的多样性，智能建造为复杂的三维立体建造保驾护航。

模块化建筑不仅在体量组合上创造了体量堆叠的设计语言，而且在立面多样上有了更加丰富的选择，最后在工艺之美上基于制造精度的提升，由量变到质变，再次启动了工艺精美的新高度。模块化建筑的工艺之美主要表现为复杂及高精度的生产加工能力，不仅为设计创作提供更大的自由度，而且提升了部品、部件的精度，以及安装连接工艺的精美。

图13-17所示是德国柏林Tour Total大厦。该项目的外墙面积约1万m²，由1395个、200多种不同类别、三维方向变化的混凝土预制部件装配而成。每个构件高度7.35m，构件误差小于3mm，安装误差小于1.5mm。三维立体部品精确、细致地构建出微妙变化且富有雕塑感的立面，使建

(a)

(b)　　　　(c)

(d)

图13-17　德国柏林Tour Total大厦
（a）大厦局部外观；（b）外墙立体部品；
（c）转角局部；（d）外墙立体部品模板

（a）

（b）

（c）

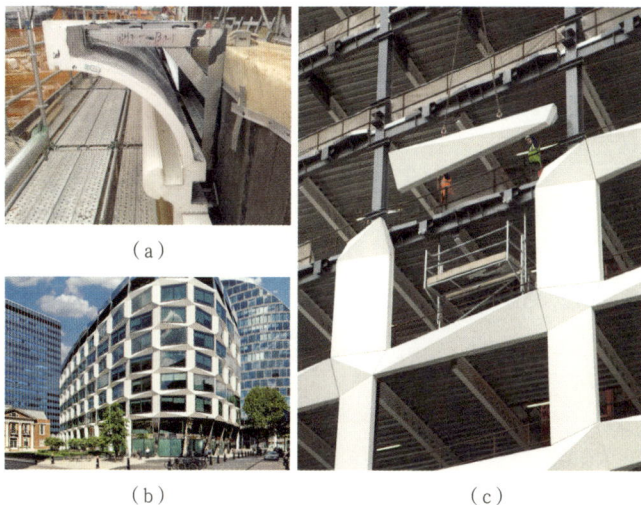

图13-18　英国励正集团伦敦办公楼
（a）常见外墙装饰线脚安装；（b）办公楼外观；
（c）办公楼外墙安装施工

（a）

（b）

图13-19　迪拜的未来办公室
（a）建筑入口；（b）建筑局部

筑光影丰富、精致细腻。

图13-18展示了英国励正集团伦敦办公楼的外墙安装施工。与传统古典线脚的安装对比，可以看出该项目采用了设计、制造和安装一体化工艺。该项目不仅生产出三维立体的外墙部品，而且根据需要制造出精致复杂的连接节点，从而在保证连接性能的同时，传达出工艺之美，使建筑立面精确、精致且精美。

图13-19所示是位于沙特迪拜的未来办公室（Office of the Future）。这是世界上第一个3D打印的永久性建筑，采用的设备可以打印出长约36m、宽约12m、高约6m的建筑。该建筑通过3D打印创造出连续曲面的有机形体，整体造型类似于太空舱。借助于3D打印技术的精确塑形能力，该建筑充分展现出未来感、科技感，是工艺之美的充分展现。

本章回顾

模块化建筑的建造逻辑孕育了新的造型方式，但要获得社会大众的认可，仍是一个创作与受众、审美主体与客体互动的时间历程。体量堆叠是模块化建筑造型的核心基础，是体量化生成的基本逻辑。立面造型一定要注重标准化中的多样化创造，除了虚实对比、韵律节奏、色彩变化等美学形式外，无论是堆叠中的体量变化，还是外墙部品的厚度，都为立面深度的探讨提供了便利。工艺是模块化建筑造型的技术基石，新工艺必然孕育新的美学表达。

思考题与练习题

1. 请重读经典，重温"建构"理论，尝试从多角度分析"建构"理论在模块化建筑中的新解释与新发展。

2. 请收集体量堆叠造型案例，尝试建模分析归纳堆叠造型的分类。

3. 请收集模块化建筑立面案例，尝试分析多元化和标准化的关系。

4. 请尽可能地收集当代建筑工业的新工艺，尝试分析新工艺在造型上的各种可能应用与表达。

第14章 装配式建筑的成本分析

【本章导读】装配式建筑正处于起步阶段，其建造成本相较于传统现浇模式存在一定增量，本讲对此深入剖析了原因及其背后的经济学原理，并提出了针对性的减少增量成本的策略。这些措施旨在推动装配式建筑向更经济、更高效、更环保的方向发展，以及为行业提供成本控制的可行路径，从而助力装配式建筑的长远发展。装配式建筑的增量成本只存在于当前起步发展阶段，随着产业链不断完善、技术不断发展和工艺工法不断成熟，这些成本增量会逐渐降低甚至与传统现浇持平。

装配式建筑发展面临一些共性问题。首先是供应链尚不够成熟。市场上各种资源供应不足，竞争不够充分，关键材料还需要依赖进口。其次是建造初期一次性投入大。装配式企业研发投入和工厂建设投资大，现阶段大多数项目仍处于试点示范或低预制率状态，缺乏工业化和批量化生产所带来的规模效益，工厂实际产能低，部品、部件摊销成本高。再次是缺乏专业化人才队伍。设计、生产和施工岗位的人员依赖传统现浇经验，缺乏装配式经验，技能不够熟练，学习成本较高。最后是企业的技术标准和管理体系还未达到装配式建造要求，成熟度较差甚至存在缺失。诸多因素叠加导致装配式建筑的综合成本比传统建造方式要高，阻碍了装配式建筑的推广。

14.1 增量成本原因分析

从结构概念来说，现阶段按"等同现浇"的理念进行装配式建筑设计，并未充分考虑装配式建筑的特点，造成设计、生产、施工各环节一体化程度不够；同时，现浇与预制两种体系并存，现有施工组织模式、技术水平与装配式建造管理需求不匹配，导致施工工序不减反增，人工、材料及措施费均有不同程度的增加。相比于传统建造方式，装配式建筑的增量成本主要体现在建安成本增量，具体产生原因如下。

1．技术应用综合单价高

装配式建筑部品、部件生产厂的土建及设施设备费一次性投入较大，供应商急于收回投资成本，利润空间要求较高，摊销成本较高，导致部品、部件出厂单价较高，且增加了部品、部件的运输、安装、支撑、连接、检测等费用，造成装配式建筑直接成本增加。但随着市场充分竞争，装配式建筑部品、部件价格会趋向于较为合理水平，直接成本增量会逐步降低。

2．适宜技术体系不明确

项目未采用适宜、合理的装配式建筑技术体系，缺乏规模化优势和成熟经验做法，现场施工难度大，实施成本高。装配式建筑在没有明确哪种技术体系最适合项目特定需求的情况下，可能会采用成本较高的技术，或者在施工过程中遇到预料之外的难题，从而增加了整个建筑项目的预算。因此，在项目策划前期为装配式建筑项目选择适宜的技术体系至关重要。如图14-1所示，建筑为不规则平面，采用不适宜装配式技术体系，为装配而装配，导致造价增加。

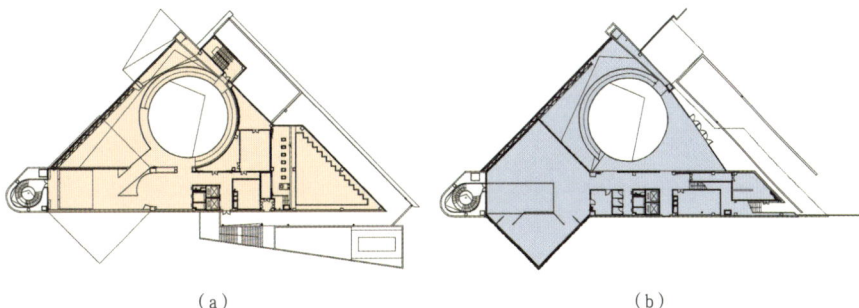

（a）　　　　　　　　　　　　　（b）

图14-1　异形建筑平面为装配而装配采用不适宜技术体系

3．标准化设计水平低

装配式建筑未落实"少规格、多组合"的标准化设计要求，部品、部件不符合模数且规格种类多，以工厂定制生产为主，且未形成标准化、通用化的部品、部件供应体系，导致生产效率低，采购与施工成本高。图14-2所示的平面不规则公共建筑，构件拆分后规格种类繁多，无法体现装配式建筑优势，预制构件生产和组装时就会面临成本增量难题。

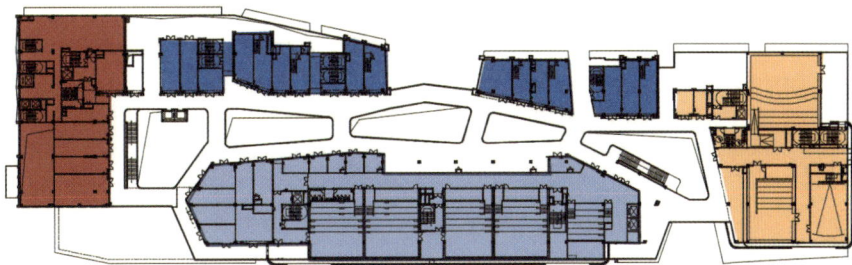

图14-2　平面不规则公共建筑标准化程度低

4．施工工艺工法未改进

现阶段装配式建筑的施工措施和工艺做法与传统现浇建筑差异不大，未实现装配式建筑减少模板支撑体系、减少抹灰作业等效益目标，从而使应有的减量成本未得到释放。如图14-3所示，某些装配式建筑工地仍采用传统施工工艺工法，例如满堂脚手架或现场在条板开槽埋线管等落后技术，过时的施工方法可能无法适应现代预制构件的高效组装需求，从而引起施工进度延迟、材料浪费，甚至需要额外的人工干预来解决问题。就像是在游戏加载时遇到了bug，需要额外的补丁来修复一样。因此，不断更新和改进施工工艺，对于控制成本和提升装配式建筑的整体效率至关重要。

（a）　　　　　　　　　　　（b）

图14-3　施工工艺工法落后

5．提升建筑品质有成本

装配式建筑采用高精度模板施工工艺、全现浇外墙、桁架钢筋混凝土叠合板等技术，虽然增加了成本，但解决了外墙渗漏等常见质量问题，提高了楼板的隔声保温性能。更好的建筑品质可以带来更长的使用寿命、更低的维护成本及更舒适的居住环境，虽然初期成本上升，但从长远来看，提升建筑品质是一种提升建筑价值和性能的明智选择。

14.2

成本措施

减少增量

在建筑行业，成本控制对于项目的成功至关重要。对于现阶段推广装配式建筑，从建安成本增量产生的具体原因入手，重点关注以下控制措施。

1．选择适宜的技术体系

基于当地的配套基础，开展装配式建筑结构、围护、机电管线及装修体系研究，基于当地产业配套基础，建立适宜的装配式建筑技术体系。例如对于结构体系而言，在起步发展阶段，多高层住宅重点推广高精模板施工工艺与预制水平构件体系；低层住宅和常规公共建筑重点推广装配整体式框架结构体系，成体系应用预制板、预制梁和预制柱；特殊类型公共建筑重点推广免拆模现浇结构体系。如图14-4所示，项目采用梁板柱成体系预制方案，现场安装免支撑施工，从而节省人工、材料、工期，使效率大幅提升。

适宜的技术体系应该像一双专为马拉松设计的跑鞋一样，既能够提供足够的支撑和舒适度，又能够适应长距离的考验，从而确保装配式建筑项目能够高效、经济地完成。

（a）　　　　　　　　　　　　（b）

图14-4　梁板柱成体系预制免支撑施工

2．推广标准化设计

持续研究标准化设计在装配式建筑中的基础作用，推动建立装配式建筑（居住建筑、公共建筑）标准化设计技术标准，从方案设计源头抓标准化设计。通过建立多层级通用标准模块，明确通用部品、部件优选尺寸，并根据优选尺寸建立通用化BIM部品、部件库。应从方案设计阶段就开始选择部品、部件库进行装配式建筑设计，以提高部品、部件标准化水平，降低生产成本和供应周期。如图14-5所示，教学楼在平面设计时就采用标准化模块进行组合，从而大幅提升标准化程度，为部品、部件的标准化奠定基础。

这可以比作是拼装一个预先设计好的拼图，每一块拼图片都按照特定的形状和尺寸制作，可以完美地与周围的片块相匹配。这种设计使得整个拼装过程既快速又高效，因为不需要担心形状不匹配或尺寸不一的问题，从而节省了时间，提高了效率。如图14-6所示，建筑外立面设计时采用少数外挂墙

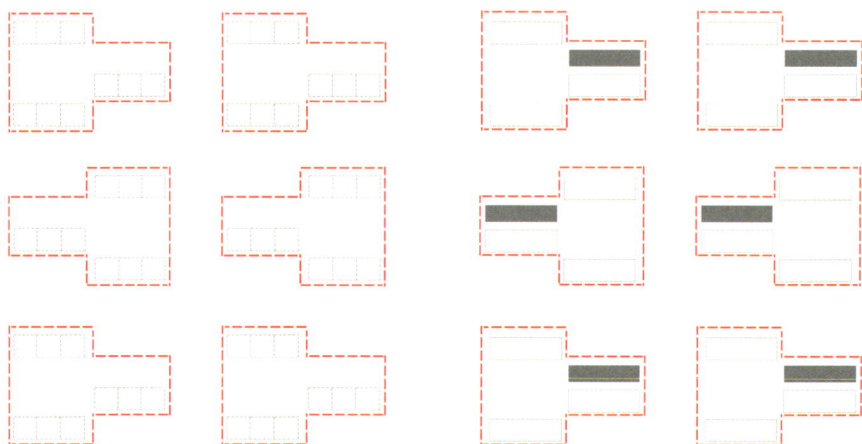

图14-5　教学楼标准化平面设计示意图

（a）　　　　　　　　　　　（b）

图14-6　标准化外立面设计实景图

板进行组合拼装，不仅形成丰富的立面效果，而且因标准化程度提高反而降低了造价。

3．提高施工安装效率

开展装配式建筑施工成套技术、高效工艺工法、施工组织方式研究，推广可复制的装配式建筑优秀经验做法。针对建设、设计、施工、监理等专业人员，配套开展装配式建筑系列宣传培训和经验推广，提升其实施能力和施工安装效率。在建筑领域，施工安装的效率提升意味着可以像玩高配版游戏一样，快速而精准地把预制构件组装起来，减少了现场施工的时间和可能出现的差错。提高施工安装效率不仅可以缩短建筑工期，降低劳动力成本，而且能避免因施工延误引起的额外开支，既节省了时间，又提高了建筑项目的

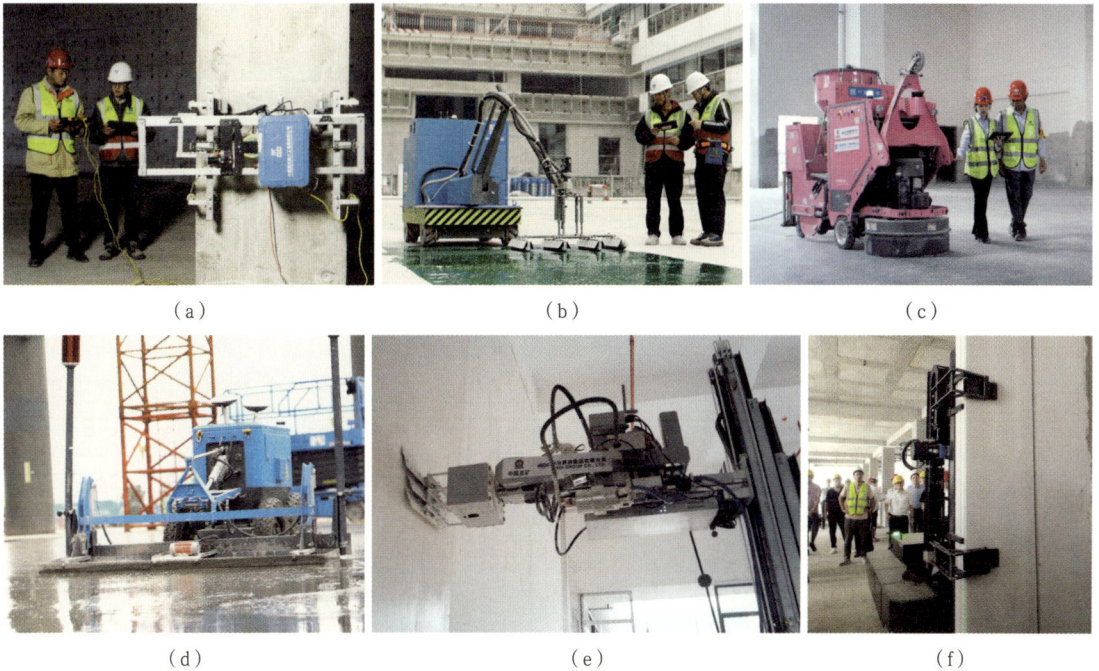

（a）　　　　　　　　　（b）　　　　　　　　　（c）

（d）　　　　　　　　　（e）　　　　　　　　　（f）

图14-7　建筑机器人
（a）爬壁式钢筋检测机器人；（b）地坪涂敷机器人；（c）地坪研磨机器人；
（d）混凝土整平机器人；（e）墙面喷涂机器人；（f）条板安装机器人

综合品质。在当下的装配式建筑工地，正在尝试使用建筑机器人代替部分人工作业，如图14-7所示的6款机器人已经正在开展规模试点应用。

4．推行EPC总承包模式

工程总承包模式分为设计单位牵头的EPC总承包模式和施工单位牵头的EPC总承包模式，前者以设计为主导，注重技术整合与方案优化，后者以施工为核心，强调成本控制与工程实施效率。以政府投资、主导建设的装配式建筑项目为重点，建议推动以设计牵头的EPC总承包模式应用，发挥设计源头的技术选择优势，更易于推进降低工程造价的目标，提升项目建设全过程统筹力度和协调管理效率，保障工程质量、缩短建设工期、降低综合成本。推行EPC总承包模式来减少装配式建筑的增量成本，如同部署一套"智能交通枢纽系统"，将设计、生产、施工各环节像轨道交通般精准调度，避免传统模式下"换乘拥堵"造成的延误与额外开支。

5．完善定额计价体系

完善装配式建筑的定额计价体系，是为建筑项目制定的成本指导基础。

完善的计价体系能详细地列出每个环节的造价条件，帮助设计者在技术体系的选择上精打细算，避免不必要的开支。例如指导装配式建筑在选择实施技术时，合理减少模板、抹灰等施工工序，控制工程造价。通过造价主管部门定期向社会发布装配式建筑部品、部件价格信息、更新和完善市场指导，可以帮助设计、实施团队精准控制工程造价，避免虚高报价造成装配式建筑成本增加，而导致市场应用阻力的出现。

本章回顾

装配式建筑在成本控制方面面临挑战，现在还无法避免装配式建筑在起步阶段所面临的成本增量问题。建筑师应对设计复杂性、运输成本、技术应用及市场波动等因素如何影响建筑成本有清醒的认识，并在设计过程中采取有效减少增量成本的措施。通过这些策略，旨在为装配式建筑的可持续发展提供实用的解决方案，以实现成本效益和环境效益的双赢。

思考题与练习题

1. 请结合本章内容，分析装配式建筑在当前起步阶段相较于传统现浇建筑成本增量的主要原因，并讨论这些因素如何随行业发展而可能发生变化？

2. 论述在选择装配式建筑技术体系时，应考虑哪些关键因素以确保项目的经济性和可行性。请举例说明不同技术体系对成本和施工效率的潜在影响。

3. 探讨标准化设计在降低装配式建筑增量成本中的作用。描述在设计阶段实施标准化设计可能遇到的挑战，并提出解决这些挑战的策略。同时，思考如何通过标准化设计提高建筑的通用性和灵活性，以适应不同建筑项目的需求。

【**本章导读**】本章以分别代表装配式钢结构建筑和装配式混凝土建筑的两个典型实际案例，解析其装配式建筑的设计思维和设计流程特点，展示从拆分设计、构件生产到现场建造等各个阶段应关注的重点问题。装配式工程项目往往需要多专业协同、多方案比选、多维度管控，充分体现设计标准化、生产工厂化、施工装配化、装修一体化、管理信息化的"五化"特点，最终实现"提高质量、提高效率、减少人工、节能减排"的目的。

15.1 案例一：重庆工业博物馆主展馆改造项目

1．项目背景

重庆工业博物馆主展馆是项目定址在重钢搬迁后的遗存厂区，定性为集中展示重庆近现代工业历史的大中型综合类博物馆，重点公益文化设施，工业文化体验场所及建筑，以建设成为国家二级博物馆为目标。项目整体占地6万多平方米，整体建筑规模约13万m²，其中主展馆面积约9000m²。主展馆建筑高度19.15m，地上3层，地下1层，功能为博物馆展厅及其配套商店、办公等（图15-1）。

项目场地原有厂房为单层多跨排架形式，建筑师利用原型钢厂轧钢车间部分厂房遗存，尽可能保持旧厂房原真性，延续历史风貌，创造出"新旧交织、共存互生"的空间形态。游客可近距离感受到新老建筑的不同元素，旧的钢铁厂房构件与新的钢结构方形盒子随其视线的移动呈现出不同的对比和

图15-1 重庆工业博物馆主展馆

图15-2 重庆工业博物馆主展馆实景图

光影效果（图15-2）。

新建的主体展厅采用了大柱距钢框架、轻质隔墙板等装配式技术，较好地满足了展陈大荷载、大空间需求，并能有效控制结构构件尺寸。钢铁旧厂房为装配式排架结构，新结构则采用装配式钢框架结构，新老结构交错且和谐统一，极具工业美感。

本项目的难点是在尽可能保留既有建筑的前提下进行设计，限制颇多。同时，旧厂房的排架柱、吊车梁及桁车等设备也给内部新建部分的施工带来了诸多限制和困难。因此，本项目在方案设计阶段必须要全盘考虑设计、生产、施工安装、场地内运输路线等因素，并作出最佳选择。

2．建筑设计的模数化组织

模数是建筑行业通用性、互换性的设计基础。为了使装配式构配件标准化，实现工业化大规模生产，统一选定的协调建筑尺寸的基本单位，常常是设计的前提。建筑师在进行装配式建筑设计时，应根据项目实际情况综合考虑项目模数化组织，以期更好地适应不同功能空间的需求，并最大限度且合理化减少构配件规格，为项目争取综合效益。

本项目中旧厂房排架横向两跨的跨度分别为27m和30m，提供了较好的大跨空间；排架柱纵向柱距主要为6m，局部9m和12m在此柱网条件下，设计将原有轧钢生产空间转化为博物展陈空间。分析选择柱网模数时，考虑到展陈空间的尺度需求较大，采用12m×9m和12m×12m的模数，而交通、厕所等服务功能空间则可围绕主展厅布置，采用12m×6m和9m×6m的模数。如此新、旧建筑在模数上取得了统一协调，最小按3m的模数增减，可大大减少构件规格（图15-3、图15-4）。

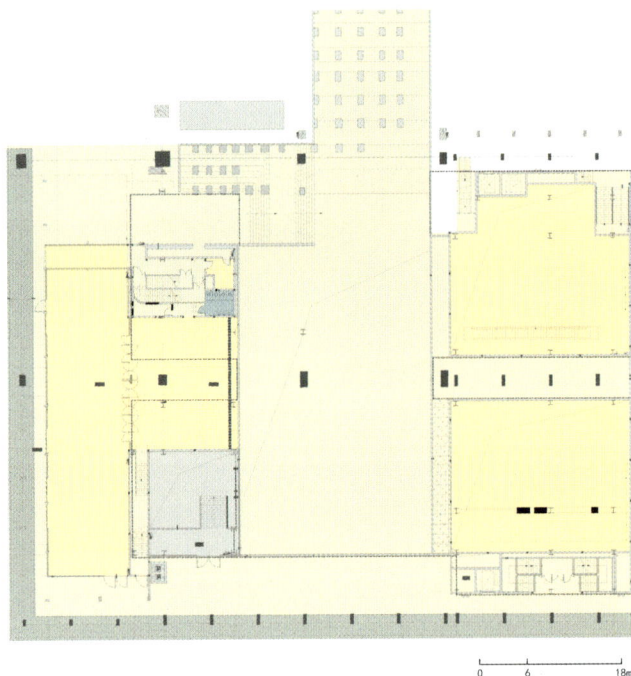

图15-3 重庆工业博物馆主展一层平面图

3．建筑设计的结构体系选择与技术配合要求

工程项目采用什么样的结构体系，主要考虑结构对建筑功能空间的适应性、结构建造的便利性、建造工期和造价等因素。重庆工业博物馆主展馆以重庆工业发展历史、三线建设、抗战文化及当前技术发展成就展览为主，功能较单纯，建筑空间对跨度需求中等，最大12m的柱网完全能满足要求。展

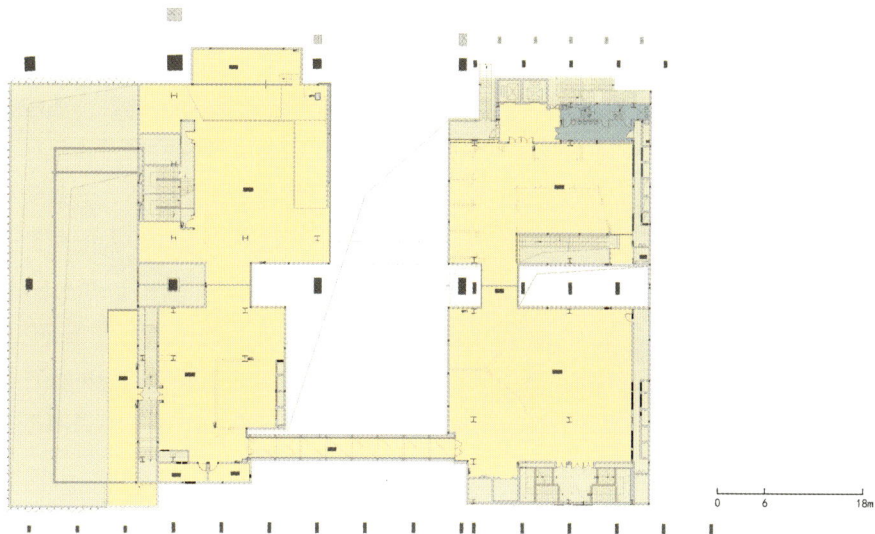

图15-4　重庆工业博物馆主展二层平面图

厅对净空高度有较高要求，且本项目要保持原有风貌，同时考虑到博物馆的机电系统、灯光及智能设备布置要占据一定的空间高度，故对结构梁高有一定限制，希望在满足荷载需求的情况下尽可能控制梁截面高度。因此，本项目采用钢结构相比混凝土等其他结构形式具有明显优势。旧厂房结构经检测鉴定需要加固修复，屋面角钢桁架拟拆除并原样恢复，桁车及吊车梁不需加固但要做除锈和防腐处理，因此旧厂房构件采用拆卸后在地面完成防腐等修复作业后再安装的建造方式是非常合理的。新建结构的建造方式应考虑与旧厂房统一协调，这样可以充分发挥吊装机具设备的效能，且不增加新的工序和工种。基于以上因素的综合考量，新建主体采用钢结构是最佳选择，既能较好地满足建筑空间和展陈荷载的需求，又能与旧厂房钢结构屋架风格统一，同时建造方式上也是统一协调的，有利于吊装和装配施工从而保证工期并控制造价。从图15-5中可以清晰地看到旧厂房与新结构的关系。

　　建筑师在进行建筑方案设计时就需要结构工程师一同参与，建筑师应详细阐述项目背景及室内空间、建筑风貌、工期和使用等要求；结构工程师则

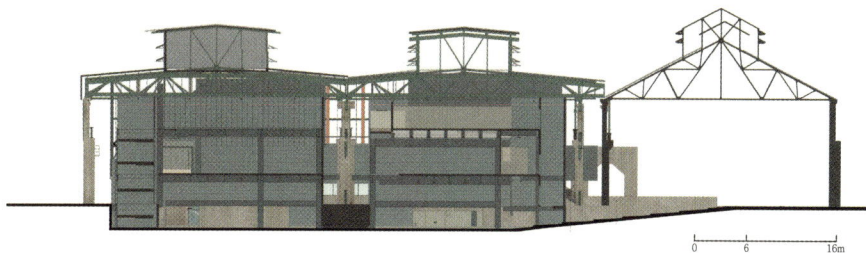

图15-5　重庆工业博物馆典型剖面

图15-6 重庆工业博物馆钢结构安装

从工程技术角度提出可行的结构体系、构件材料和初步施工方案，然后经参建各方共同研究确定。此外，建筑师还应提醒各专业之间是否有重大影响的事项，例如本项目需要在屋架气楼布置机电设备，这对结构方案有重大影响，因此在方案阶段就应对此进行了专题研究。

结构工程师应与建筑师紧密配合，不仅要考虑结构构件对建筑空间的影响，还要考虑构件安装的空间可行性和施工组织时序合理性问题。例如本项目旧厂房结构的主要工作是屋架安装、桁车及吊车梁修复，没有排架柱及其基础施工，而在旧厂房安装屋架及吊车梁时，新建结构正在做基础施工（图15-6）。因此，待旧厂房屋架吊车梁等安装完成后再进行新建钢结构施工，这样的施工组织在施工时序上和吊车等安装设备使用上是最合理的。

4．典型的装配式设计阶段协同问题

任何建筑的设计过程均需要各专业协同，而装配式建筑在设计阶段的协同要求会更进一步。装配式建筑典型的做法是增加一个深化设计阶段，或者是在施工图阶段采用正向三维设计，将全部建筑构配件在三维模型中建立出来，各专业在同一模型平台上开展协同设计。这样既可解决专业之间的错漏碰缺，又可解决装配构件连接设计和拆分的问题，还可输出材料清单供招标和采购使用。本项目因工期紧张，且装配难点主要是新旧结构的安装施工问题，因此在施工图后期阶段建立了全部结构的BIM模型（图15-7），通过三维模拟技术验证了构件安装可行性并优化了施工工序，从而为项目的顺利实施提供了坚实的技术支持。

此外，本项目中的钢结构连接节点十分复杂，也需要在设计阶段进行详细设计和安装模拟，因此采用三维设计BIM技术解决复杂装配式节点连接设

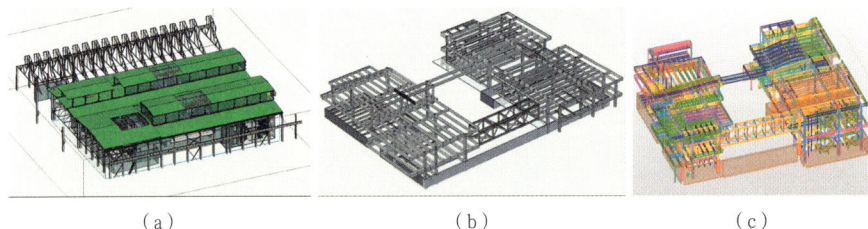

（a）　　　　　　　　　　（b）　　　　　　　　　　（c）

图15-7　重庆工业博物馆结构模型
（a）整体结构模型；（b）新建钢结构模型；（c）钢结构深化模型

计与安装问题也是必要手段。如图15-8（a）所示是旧钢厂抽柱大空间的排架柱支撑两个方向的屋盖大跨桁架，节点构件繁多，构造连接复杂。图15-8（b）是抽柱大跨托架支撑屋盖次桁架的节点，构造的复杂性有必要采用BIM技术辅助设计。

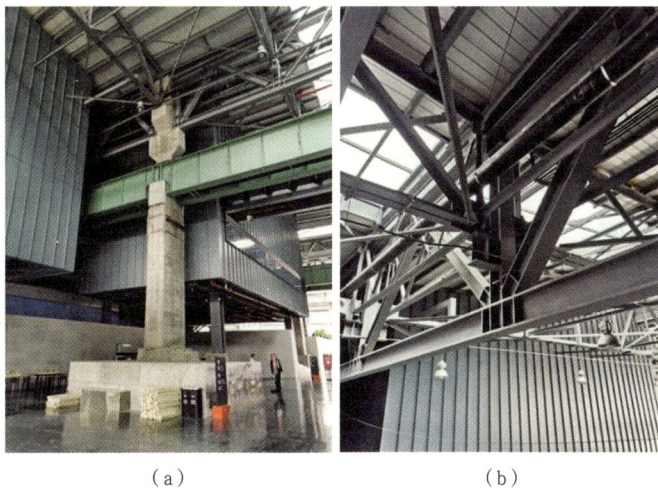

（a）

（b）

图15-8　钢结构连接复杂节点

5．建设运输、实施的装配化特点

这一项目在施工期间进出场地的道路仅有一条，且道路状况较差，超大超长的车辆出入受限；但现场场地宽敞，为构件等材料堆放、拼接组装等加工作业提供了较好的条件。项目中钢屋架跨度有27m和30m两种，若在工厂加工则运输受限。考虑到现场有合适的场地，且角钢桁架的加工工艺简单，故采用了在现场加工制作角钢屋架的方案，既方便了运输，又节约了工期。屋架吊装采用退装法：从一跨排架的一端开始吊装2～3榀形成稳定屋盖结构单元后，起重机退行一定距离再依次吊装直至完毕（图15-9）。

图15-9　屋架吊装施工

177

1．项目背景

某中学项目总用地面积6.2万m²，总建筑面积11.0万m²，地上建筑面积6.9万m²，地下室建筑面积4.0万m²。项目包括1栋行政综合楼、1栋图书科技楼、2栋教学楼、1栋实验楼、1栋体艺楼、1栋学生食堂、1栋学生宿舍、1栋教师宿舍，共计8个建筑单体及1层地下室。学校建成投入后将开办60个教学班，可提供3000多个学位，以有效缓解当地教育资源紧张问题，见图15-10～图15-12所示。

该项目采用预制柱、叠合梁、单向密拼叠合板、蒸压钢筋陶粒混凝土条板、管线分离等装配式技术，其中学生食堂装配率达67.0%。本项目是当地大面积成体系应用预制梁板柱的示范项目。项目采用了集成数字设计、智慧商务、智能工厂、智慧工地等功能模块的"智慧建造平台"，可实现人员实名制管理、施工进度管理、构件生产监控、构件追溯、人员定位监测、现场视频监控、扬尘及噪声监测等功能，并可利用卸料平台监测、塔机保护装置、吊钩可视化系统等完成安全生产风险评估，从而有效降低事故发生概率，提高施工现场的建造效率和管理效率。

图15-10 项目效果图

图15-11 项目总平面

图15-12 项目建设中及建成实景图

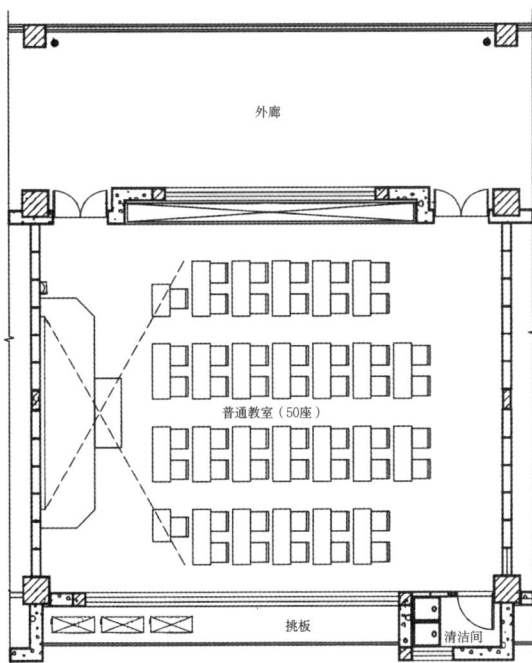

图15-13 普通教室标准单元模块

2．建筑设计的模数化组织

学校类装配式项目的标准化设计应以模块及模块组合为核心，对功能模块和部品、部件开展标准化设计。一般来说，学校类装配式项目的单元模块分为教学楼模块和宿舍楼模块。其中，教学楼模块包括功能空间模块和交通空间模块，其功能空间模块又包括普通教室、专用教室、办公室、卫生间等，交通空间模块则包括楼梯间、电梯间等；宿舍楼模块也包括功能空间模块和交通空间模块，其功能空间模块包括4～6人间宿舍，交通空间模块包括楼梯间、电梯间等。

本项目标准化设计遵循模数协调原则，以减少部品、部件种类。建筑平面尺寸和立面尺寸采用3M模数，建筑部品采用1M或1/2M模数。本项目教学楼标准层层高采用3900mm，普通教室平面轴网采用10 500mm×8400mm，如图15-13、图15-14所示。

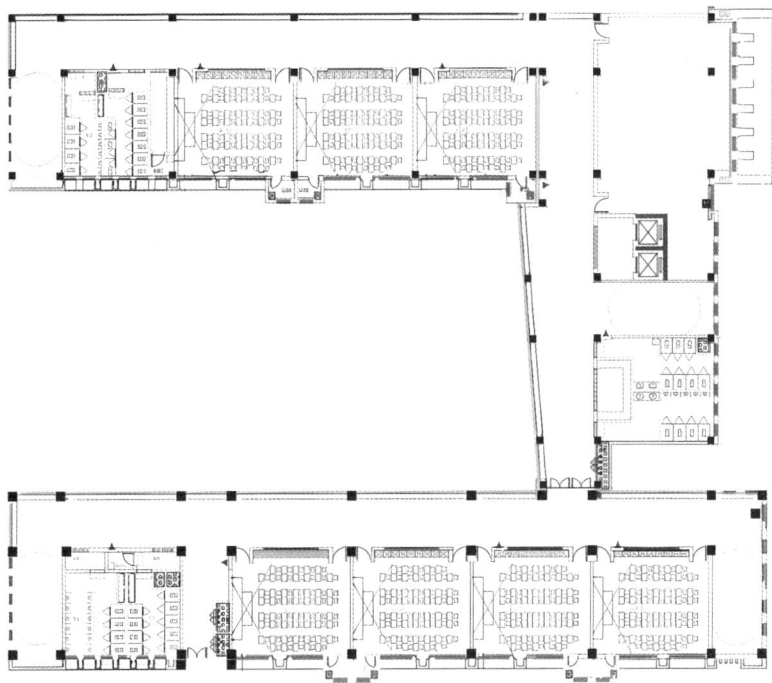

图15-14 由教室单元模块组合而成的教学楼标准层

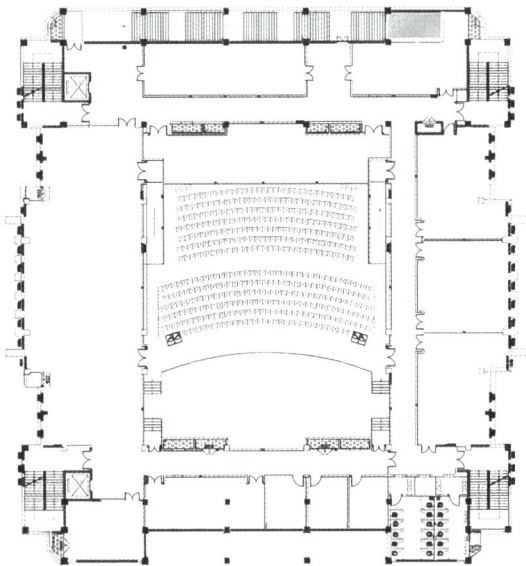

图15-15 体艺楼建筑平面

3.建筑设计的结构体系选择与技术配合要求

装配式建筑中，结构体系通常有装配式钢结构体系、装配式混凝土结构体系、装配式木结构体系等类型，建筑师应会同结构工程师，从建筑风貌、功能需求、成本造价等角度出发，共同确定项目拟采用的结构体系。同时，建筑设计应充分考虑有利于项目后期高效安装建造的要求，对不同类型的建筑单体可选用不同的结构体系或结构部品、部件。

本项目为新建建筑，其中体艺楼设置了篮球场、乒乓球室、大礼堂、艺术教室等多种功能房间，标准化功能模块较少，具有大跨度、大层高等特点（图15-15）。如果体艺楼采用装配整体式混凝土框架结构体系，将导致大量预制构件超长、超重。经与结构工程师充分协商，体艺楼最终选用了装配式钢框架结构体系（图15-16）。

对于教学楼、实验楼等常规公共建筑，可以实现教室模块、卫生间模块、楼梯间模块等基本单元模块的有机组合，故选用装配式混凝土框架结构体系是十分合理的（图15-17）。

图15-16 装配式钢结构节点

图15-17 装配式混凝土结构节点

4.典型的装配式设计阶段协同问题

三维BIM建模软件是各专业协同设计的关键平台和有力手段。本项目对BIM的应用覆盖了项目策划、初步设计、施工图设计、深化设计、构件生产、施工模拟、运维管理等项目全生命周期，并基于同一软件平台实现了三维数据在各阶段的有效传递，如图15-18～图15-20所示。

图15-18 四川外国语大学重庆科学城中学三维展示模型

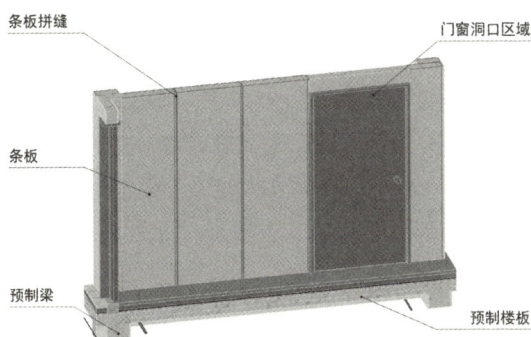

图15-19 采用三维BIM进行非砌筑条板隔墙设计

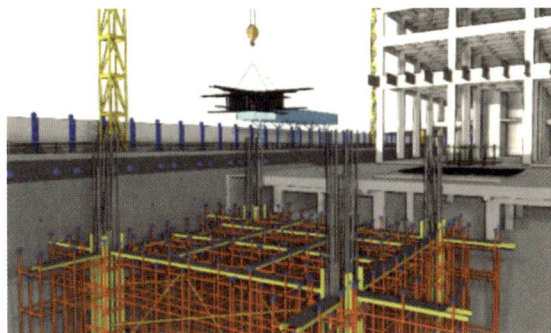

图15-20 采用三维BIM进行施工工序模拟

5.建设运输、实施的装配化特点

建筑师应统筹考虑项目实施过程中的各项关键问题，例如预制部品、部件的运输、堆放、吊装等。本项目预制部品、部件在进场安装时，对现场施工堆场布置困难的楼栋，如教学楼，可对运输到现场的部品、部件采取"即到即吊"方式，以提高现场构件吊装效率，减少构件堆码、吊装成本；对本项目其他楼栋，可在施工现场设置合理面积的部品、部件堆场，保证各楼栋储备1~2层预制构件，从而保障现场安装进度（图15-21）。

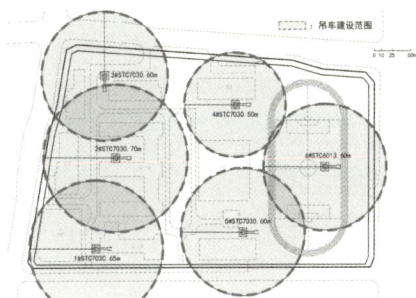

图15-21 项目施工吊装策划

6．建筑设计阶段的装配方案策划要点

项目所在地区的装配式产业基础是确定项目合理技术路线的前提。在建筑设计的初期，建筑师应牵头调研项目所在地周边构件生产企业的实际情况，因为企业生产能力不足或工艺制造水平落后将严重影响项目建设进度和成型效果。一般来说，合理的运输半径为100km以内，运费约占部品、部件销售价格的3%~8%。远距离运输将大幅增加部品、部件开裂破损隐患，同时增加运输成本。经初步调研，钢筋桁架叠合板、叠合梁、预制柱、预制楼梯、预制外墙板、预制剪力墙等部品、部件已在本项目所在地周边大量布局（图15-22），且价格总体平稳，适合本项目选用。

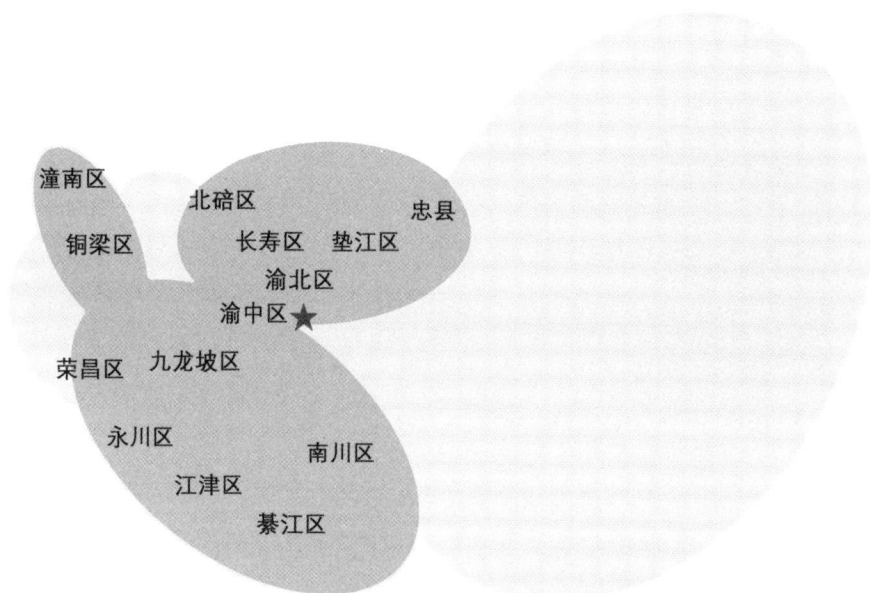

图15-22　本项目所在地区周边产业布局情况
（深色填充区县表示已有大型预制工厂投产，并已纳入当地信息化平台监管）

同时，项目的建造成本往往是建设方关注的核心问题。建筑师在策划阶段应全面分析项目的综合效益情况，不仅需要从材料价格（图15-23）、施工工期等角度展开常规造价测算，还需要从安全隐患降低、政策补贴收益、社会效益提升、项目评优报奖等角度展开综合分析。

本项目建设方对于施工工期尤为关注，这是由于项目所在地为高速发展的开发新区，人民群众对优质教育资源的需求十分紧迫。同时，本项目作为政府投资建设项目，总建造成本需严格控制，因此应优先选择建造效率高、成本增量小的装配式新技术、新工艺。

装配式建筑强调各类新技术、新产品的集成应用。以我国国标评价标准

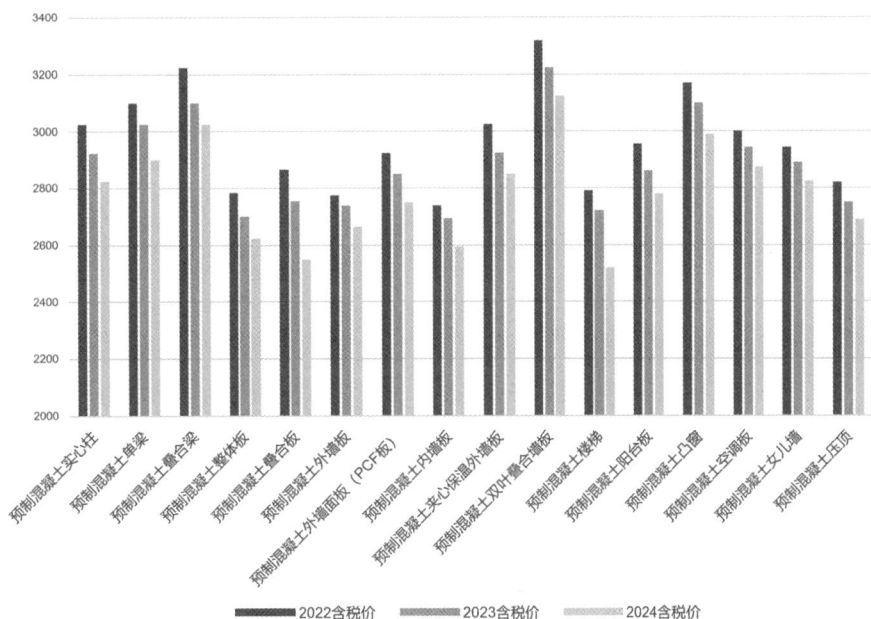

图15-23 项目所在地区近三年预制构件单价

为例，装配式建筑包含了主体结构、围护墙和内隔墙、装修和设备管线三大类共十一个子项技术。装配式建筑包含了主体结构、围护墙和内隔墙、装修和设备管线三大系统。需要强调的是，装配式技术路线的策划绝不是各项技术的盲目堆砌，而应当是充分发挥各项技术自身优势的系统性应用。本项目在设计初期，分析对比了两种技术路线。技术路线1是低装配率路线，主体结构仅楼板采用预制构件，外围护结构仍然采用传统砌筑方式，工序多效率低成本高。技术路线2是高装配率路线，主体结构全部预制，围护结构也采用装配式技术，工序简化、效率高、成本可控。综合考虑成本和工期，最终采用了高装配率的技术路线2，见表15-1。

项目技术路线比选

表15-1

主要技术内容		技术路线1	技术路线2
装配率		50.0%	65.0%
主体结构	竖向预制构件		●
	梁类预制构件		●
	板类预制构件	●	●
	系统高精度模板	●	
	装配式少支撑系统		●
围护墙和内隔墙	装配式非承重围护墙		●
	装配式内隔墙条板	●	●

183

主要技术内容		技术路线1	技术路线2
装修和设备管线	全装修	●	●
装修和设备管线	装配式吊顶	●	●
	装配式墙面	●	●
	管线分离	●	●

图15-24　系统高精度模板技术示意图

图15-25　预制梁板柱搭配装配式少支撑系统技术示意图

从表15-1可以看出，两条技术路线的主要差异在于主体结构是选用系统高精度模板技术（图15-24），还是选用预制梁板柱搭配装配式少支撑系统技术（图15-25）。系统高精度模板技术是指主体结构全部采用高精度模板及其配套支撑系统的施工工艺，现浇混凝土成型平整度偏差达到4mm/2m。装配式少支撑系统技术是指装配式混凝土结构施工期搭设的用于支撑水平预制构件或用于稳固竖向预制构件的支撑结构，并满足一定支撑间距的要求。

技术路线1的优势在于：系统高精度模板可明显提升混凝土构件的成型质量。但是，技术路线1用于多层公共建筑时模板周转率低，成本增量较高，同时模板的深化和加工周期一般为30～40天，这也将严重影响建设进度。

技术路线2的优势在于：大面积、高比例应用预制柱、叠合梁、叠合板并搭配少支撑系统后，可大幅简化现场临时支撑架体的安装、拆卸工序，并基本减少模板工程的应用，从而抵消预制构件用量增加带来的项目总体成本增量影响。更重要的是，该技术路线可缩短建设工期30天，确保如期开学。相比于技术路线1，技术路线2可以缩短建设工期，同时基本实现造价可控目标，且装配率更高，行业示范效益更优，因此最终选择技术路线2作为本项目装配式建筑实施路线。

本章回顾

在装配式建筑工程实践中，建筑师应特别注重项目定位、个性特征、场地条件和当地产业基础等，有针对性地制定适宜技术路线，处理好美学表现、建筑功能、装配技术、工程造价、施工效率之间的平衡关系。同时，建筑师还应大胆尝试建设领域的新技术、新产品、新工艺，积极开展技术试点应用，总结装配式建筑设计先进经验，打造装配式建筑精品工程。

思考题与练习题

1. 装配式建筑受到装配技术、建造方式等条件限制，在做建筑方案设计的时候考虑的因素更多。请结合设计课程，思考装配式建筑方案创作较非装配式建筑的区别有哪些？如何更好地设计出优秀的装配式建筑作品？

2. 标准化设计是实施装配式建筑的重要基础，其中"少规格、多组合"是平衡"构件批量化生产要求"与"建筑形式个性化要求"之间矛盾的核心方式。请思考装配式建筑形式的个性化创作主要手法有哪些？

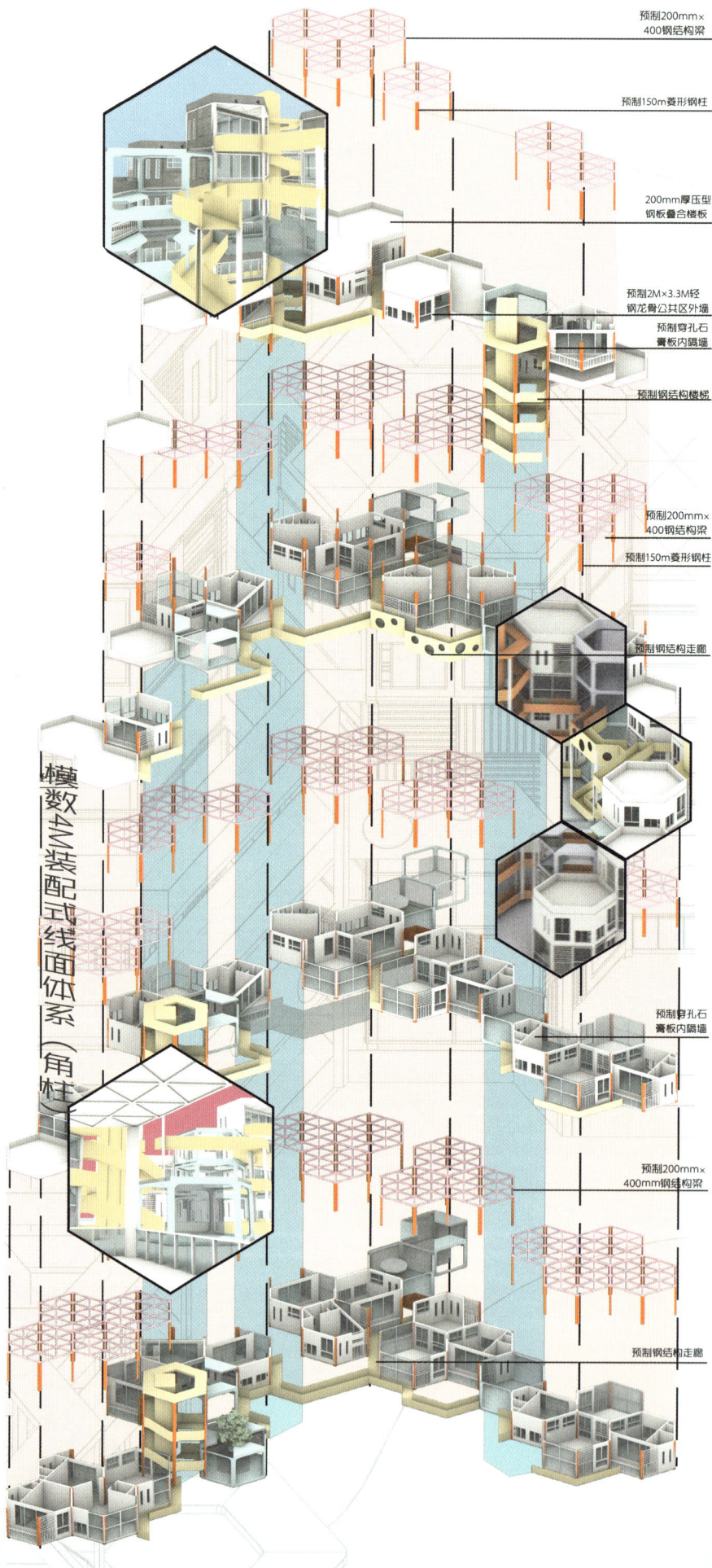

第
16
章

装配式建筑的设计训练

模数4M装配式线面体系（角柱）

预制200mm×400钢结构梁

预制150m菱形钢柱

200mm厚压型钢板叠合楼板

预制2M×3.3M轻钢龙骨公共区外墙

预制穿孔石膏板内隔墙

预制钢结构楼梯

预制200mm×400钢结构梁

预制150m菱形钢柱

预制钢结构走廊

预制穿孔石膏板内隔墙

预制200mm×400mm钢结构梁

预制钢结构走廊

【**本章导读**】装配式建筑的设计，是技术思维引导下的空间创作。而设计师对产业化生产条件的把握，则既是从产业化背景下设计创作的前提，也是设计创作引领下的产业化发展需求。当前阶段的装配式建筑设计的专业训练，在空间设计层面滞后于单项体系化发展的结构体系，也滞后于针对快速建造的施工专业发展。如何引导空间设计者作为"产品"的引领者，配合产业化的设计市场品质的提升需求，是建筑设计学习的当代转型领域。

16.1 建筑工业化背景下的空间设计训练

与设计师对材料的选择相似，装配式建筑的"产品"选择，也意味着有了工厂的预制生产后才有现场的装配施工。一方面，建筑工业化的水平决定了空间成果的建造可行性；另一方面，预制生产的前提是设计。产品的市场可选择性，与市场需要有竞争力的产品之间，始终互为因果。当前，建筑师的专业训练中，并不是要在美学与技术条件的限定中艰难取舍。相对于各种行业规范和美学原则的把握，建筑师的设计思维需要"进入"装配式建筑的系统思维，再"出于"既有的限定，进而寻求当下工业化发展阶段中的空间引领。或者说，当前装配式建筑的发展，不仅仅是解决量产的效率、劳动力的减少趋势等问题，更为重要的是推进"有效"的建设，提供有竞争力的空间产品，解决单一与多元的创作问题，提升建成环境的品质。

开展装配式建筑设计的学习训练，是在基于建筑学基本设计学习的基础上，结合装配式建筑全流程体系的认知，尝试介入产业化背景下的建筑"产品"设计的训练。对建筑学高年级阶段的学生，或从事建筑设计有一定工程实践基础的设计师，在专业实践的综合素质基础上开展针对产业化需求的空间设计训练，是建筑市场产品化发展的创新基础。

广泛形成绿色生产生活方式已经成为国家层面的重要目标。因此，在建筑领域发展装配式建筑、推动新型建筑的工业化是大势所趋。开展空间设计训练可以有各种不同的途径，本讲从学校教育的角度，对装配式建筑设计的空间训练提出学习的基础、任务的设定、成果的引导等具体建议，以作为本书前面各讲内容的知识化、技能化转换的示例。

1．任务选型

装配式居住建筑在国内经过多年的发展已经逐渐成熟，且已在全国广泛实施，装配式公共建筑正在开展广泛的探索和应用。居住建筑的单元式与模块化空间容易结合，而空间的变化面对技术体系的约束，在公共建筑的设计中更具备挑战性。因此，任务的选型对象可以是居住建筑，更建议针对公共建筑。具备模块化的居住空间，同时有较多公共空间的建筑类型，例如综合性功能的小型或中型的校园建筑、文旅建筑等，是较为适宜的训练选题。重庆大学自2021年以来的开放式毕业设计选题中，作为综合训练的设置，针对装配式建筑的选题涉及酒店、养老院等不同空间对象。在设计指导推进过程中，反映出不同的学习难点。如养老院虽然具备空间模块基础，但是涉及老人护理的内容较为复杂，设计者在短期内需要完成两个不同的专门化设计学习，训练深度受到影响。同时，在毕业设计中也会有以"绿建"为关键词的任务设定，但是其训练的宏观体系更偏重对技术限定的方向性回应。在历经数年的教学探索中，乡村精品度假酒店成为相对成熟的训练任务。装配式乡村精品度假酒店的设定具备几个方面的关键词：装配式、精品酒店、乡村。其中，装配式是设计的产业化背景前提，要求设计的训练环节需要体现安装、运输条件的预判，以及合理的部品、部件优化；精品酒店针对完成度较高的建成环境预期，体现模块化空间和内装需求；乡村则包含山地和平原等不同范畴，是小体量文旅设施发展的必然，回应不同地理特征的乡村建设场地限定，并作为地方建造技术现代化的示范。装配式建设在城市建设的引导尚处于探索发展阶段，在乡村的推广则在近期具备技术示范价值，在远期有适度的市场需求。也正因为如此，在设计任务中会对于装配率出现不同的要求。

结合装配式技术思维背景下设计训练的达成度，中小学、酒店、住宅等民用建筑比较适合作为训练任务的设定。为了有充分的技术思维探讨深度，针对以设计小组为单位的综合项目设计训练，设计规模建议在1~2万m²为宜，不宜超过3万m²。规模较大的可以尽量采用不同专业参与的联合设计训练方式。以个人独立完成的综合项目设计训练，规模在0.5~1万m²为宜。如果是针对具体的全屋定制产品，则重点不在规模的大小，而在于产品自身的生产转换可能性。因此，针对任务的选型，有不同的达成度需求。结合不同的达成度，在任务内容的初步设定、设计技术路线、成果表达方式及深度上，可以有多元化的尝试

2．任务设定

在此以装配式乡村精品度假酒店为例，解析具体任务的设定。

将酒店设计建设与新型工业化结合，可以提高度假酒店智慧设计和智能建造的工业化程度，促进酒店部品、部件的工业化和精细度，并且对缩短建设周期、提高建造质量、降低建造成本，以及装配建筑的研发推广都有着积极的作用。

本任务的选题来源于真实用地的实际已建成项目。历年选址分别在大

理、重庆、成都等不同城市。以选址为成都近郊的任务书为例。该选址地块位于成都某精品民宿林盘带中，毗邻世界大学生运动会场地新东湖体育公园。用地规模设定约8000m²。设计任务基于四川天府历史文化背景，结合体育公园时代特征，通过酒店建筑这一多种功能复合的载体，辅以新型装配式建筑技术，进行环境适宜、技术先进、形象独特的建筑创造。

任务设计内容的设定上，包括建筑设计和装配式建筑专篇两个部分。设定设计总建筑面积约9000m²（可上下浮动10%），建筑高度不超过24m，不低于3层，容积率1~1.5，建筑密度≤45%，装配化率≥50%，绿地率≥35%。该精品度假酒店拟包含40~50间客房，公共区域包含休闲、会议、餐饮、后勤服务、车库等内容。表16-1为建议的建筑功能及面积。在这一建议内容基础上，允许设计者根据场地和自身的特色探讨，针对任务书有进一步的具体深化约定。

概念任务书设定的主要建筑功能规模　　　　　　　　　　表16-1

分类	功能	要求	说明
客房部分 约4000m²	标间	20~25间	双床间
	单间	10~15间	大床间
	特色套房	5~10间	亲子套房、主题套房等
公共部分 约1500m²	休闲接待区	—	大堂、咖啡、休息等
	公区卫生间	1套	—
	多功能厅	1间	会议及小型活动（80~100人）
	娱乐健身	1~2间	健身房、瑜伽、儿童活动室等自定
	书吧、影音等	—	功能、面积可根据需求自拟
餐饮部分 800~1000m²	自助早餐厅 （兼西餐、咖啡）	1间	100~200m²
	中餐厅	1间	约200m²
	包间	3间	可放置10人桌，配置卫生间休息区等
	厨房（含库房）	—	300~500m²（中西餐可合设或分设）
后勤服务 约200m²	办公	3间	每间约20m²
	值班室	1间	约20m²
	洗衣房	1间	约20m²
	库房	1间	30~50m²
	布草间	每层客房1间	10~20m²

分类	功能	要求	说明
设备用房 约200m²	消防水池	1间	约100m²容量
	水泵间	1间	30~50m²
	配电间	2间	每间约30m²
停车约1000m²	机动车室内	40辆	—
	机动车室外	10辆	—
	自行车	20辆	—

3．成果设定

在此以装配式乡村精品度假酒店为例，解析成果要求的设定，以及如何回应针对设计师的训练。

装配式精品度假酒店设计将综合运用学生本科阶段的知识，设计一个功能复合的装配式度假酒店项目，并要求在装配式建筑的专门方向进行设计广度和深度的拓展。任务目标有：

（1）通过该设计训练，全面提高学生对建筑环境、建筑文化、建筑技术的综合认知能力；

（2）掌握装配式建筑的预制装配率，结构体系，围隔体系，部品、部件细部等技术设计要点；

（3）通过适当的材料选择、结构构造、内装设备技术等解决度假酒店建筑功能与形态问题。

装配式精品度假酒店设计过程主要有三个阶段：前期调研分析阶段、方案设计阶段和装配技术设计阶段。前期调研阶段要求对"精品度假酒店"和"装配式建筑"这两个关键词进行案例调研、工厂调研、产品调研和文献调研，并形成有深度的调研报告。建筑师面对新的技术限定，在设计中需要收集、组织和创造性地利用建筑部品、部件。装配式建筑设计的教学需要在设计初期就能取得并熟悉部品、部件信息，建筑师才能掌握主动性，选择产品并将之融入建筑设计中，优化设计效率，以避免在后期建造时不得已的被动妥协和设计变更。

在方案设计阶段，强调将精品酒店美学追求与现代工业技术相结合，将制造、运输、建造等环节反作用于建筑设计，采用模数思维和集成设计。首先，在酒店设计的课题中，由于其客房单元具有较大的重复率，属于标准化程度较高的建筑类型，故只有采用同模数规格的部件、部品，才能最大化实现结构、外围护、设备管线和内装系统的集成设计。其次，酒店建筑中的许多空间，其功能、尺度基本相同或相近，也很适合模块化设计。由于精品度假酒店设计对客房房型的多样化有较高要求，故客房的模块化设计被分解到房间的不同功能区域，如睡眠模块、卫浴模块、起居模块、阳台模块等，采用"少规格、多组合"的设计原则，将基本功能模块组合成多种房型模块。在结构选型上，推荐采用装配化盒子建筑模式，其结构在空间塑造上具有标准化、模块化的特点，且盒子本身的搭建、装修工作都在工厂完成，因而更能保证整体建造质量。

装配式建筑是以工业化生产方式的系统性建造体系为基础，对结构、外围护、设备与管线、内装等各系统进行统一协调，实现优化组合，形成完善的有机整体。在技术设计阶段，系统化的思考方法非常重要，要求学生掌握装配式建筑的组成体系并清楚其建造逻辑。设计指导过程中需要运用思维导图模式科学梳理装配式酒店设计导则，整合装配式设计策略与技术策略。同时，引导学生采用三维模型辅助解析说明相关部品、部件的材料选择与运用，分析展示结构支撑与填充分离、管线分离、内装一体化、设备集成、同层排水等工业化建造技术。同时，进行装配率计算的模拟预演和设计优化，按照规范要求在平面图上进行分区标注，完成装配化率的统计和计算表，使得设计者从定量的角度学习和理解装配式建筑的量化逻辑及科学性。

以下为装配式精品度假酒店毕业设计成果要求中，对于装配式建筑专篇的主要内容包括如下：

①结构体系三维模型分解分析图；
②客房大样平面图；
③主要客房内外装三维模型分解分析图；
④装配化率计算表；
⑤装配式专篇的设计说明及主要指标。

题目的成果设定，体现装配式建造作为必要的设计回应的"反馈"作用，将技术思维、产品策略等新的设计思路，与设计者完成普适性的空间、美学、技术训练的前提进行全过程的融合，甚至将技术思维作为训练的主导前提。

结合前文分析，在此以装配式乡村精品度假酒店的设计训练，以及农房装配式设计训练为例，结合个案成果，解析设计训练的广度和深度体现。这节以案例解析为目的，是回应任务的具体设定，体现不同教学环节的推进。作为装配式建筑空间设计训练的示范，案例解析所展示的方法适用于不同的空间设计对象。

1．矩形功能空间模块化设计案例

1）研究动因

在这一设计装配式精品度假酒店的过程中，设计者需要面对一系列的工业化背景挑战和机遇：①如何在工业技术的精确、效率与人文情感的细腻、丰富之间找到平衡点？工业技术为人们提供了快速建造和质量控制的可能性，但同时也需要融入人文情感，使空间能够与人产生共鸣，从而满足人们对于情感寄托和文化体验的需求。②如何解决单一类型与多样需求之间的矛盾？在设计中，建筑师不能仅仅依赖单一的建筑类型来满足所有需求，而应该探索多样化的设计，以适应不同游客的个性化需求。③如何融合场地的自然条件与建筑的人工秩序？在尊重场地自然条件的基础上，创造出有序而和谐的人工环境，是设计的一大挑战。

为了应对这些挑战，本节设计个案研究以"速搭慢享"为主题，以"装配式技术运用"和"情绪价值追求"为主线，探索如何用快速建构的方式，营造慢生活的体验（图16-1）。模块化的空间设计组织作为本设计个案的"标准化"重点，在这一基础上探索多元化的场景体验。

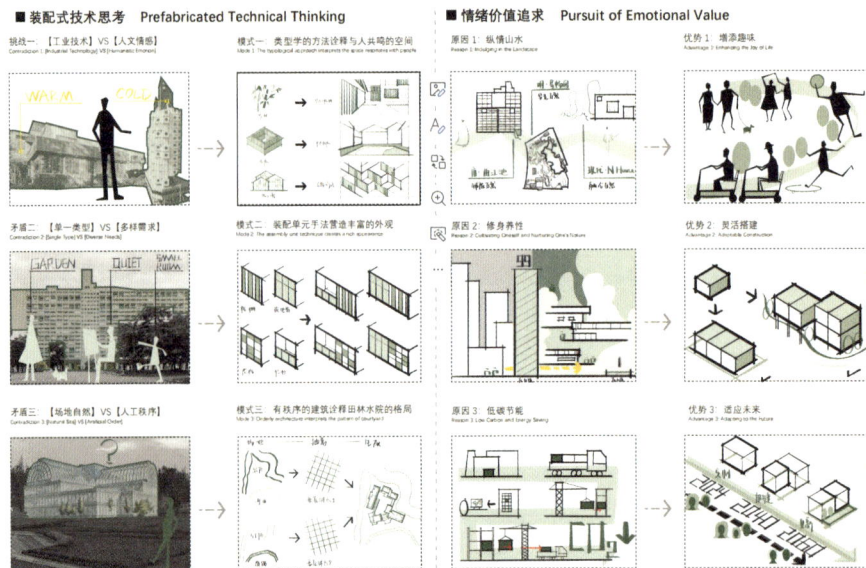

图16-1　设计概念分析图

2）设计研究

（1）场地条件

场地位于成都市龙泉驿区，离城市很近，可在喧嚣的城市和宁静的生活之间快速切换，有"慢享生活"的可达性。设计从生活体验和建筑语汇着手，对川西林盘特色的"林—田—水—院"等要素进行提取，创造一个远离城市喧嚣、体验慢生活的宁静之所（图16-2）。

■ 区位分析

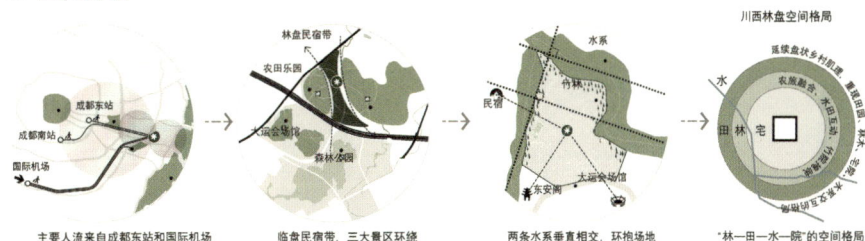

■ 设计概念

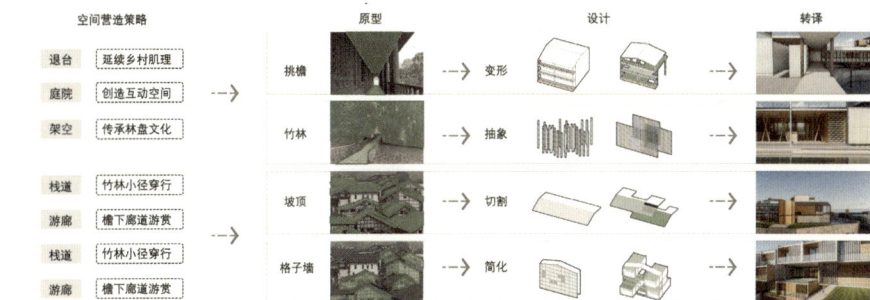

图16-2　区位及设计要素分析图

（2）基于装配式技术的设计导则

装配式设计导则可分为设计策略和技术策略两部分，具体内容如图16-3所示。根据对装配式技术的设计导则的研究，公共区域（模数化空间）采用框架体系进行建造，客房（模块化空间）采用盒子体系进行建造。

（3）空间模数选择

在交通条件和客房功能的双重影响下，本项目选择2500mm×5000mm和2500mm×3000mm两种基本模数（图16-4）。

（4）基本空间模块

本项目选择2500mm×3000mm×3200mm（A模块）和2500mm×5000mm×3200mm（B模块）两种基本模块（图16-5），其具有以下优势：①运输优势：1辆半挂平板车每次可运送2个A模块＋1个B模块；②功能优势：基本模块符合睡眠、卫浴、休闲、阳台、入户等五大客房功能的人体尺度要求；③停车优势：基本模块拼成8m轴网，地下停车1个柱跨正好可停3辆车。

■ 装配式设计导则

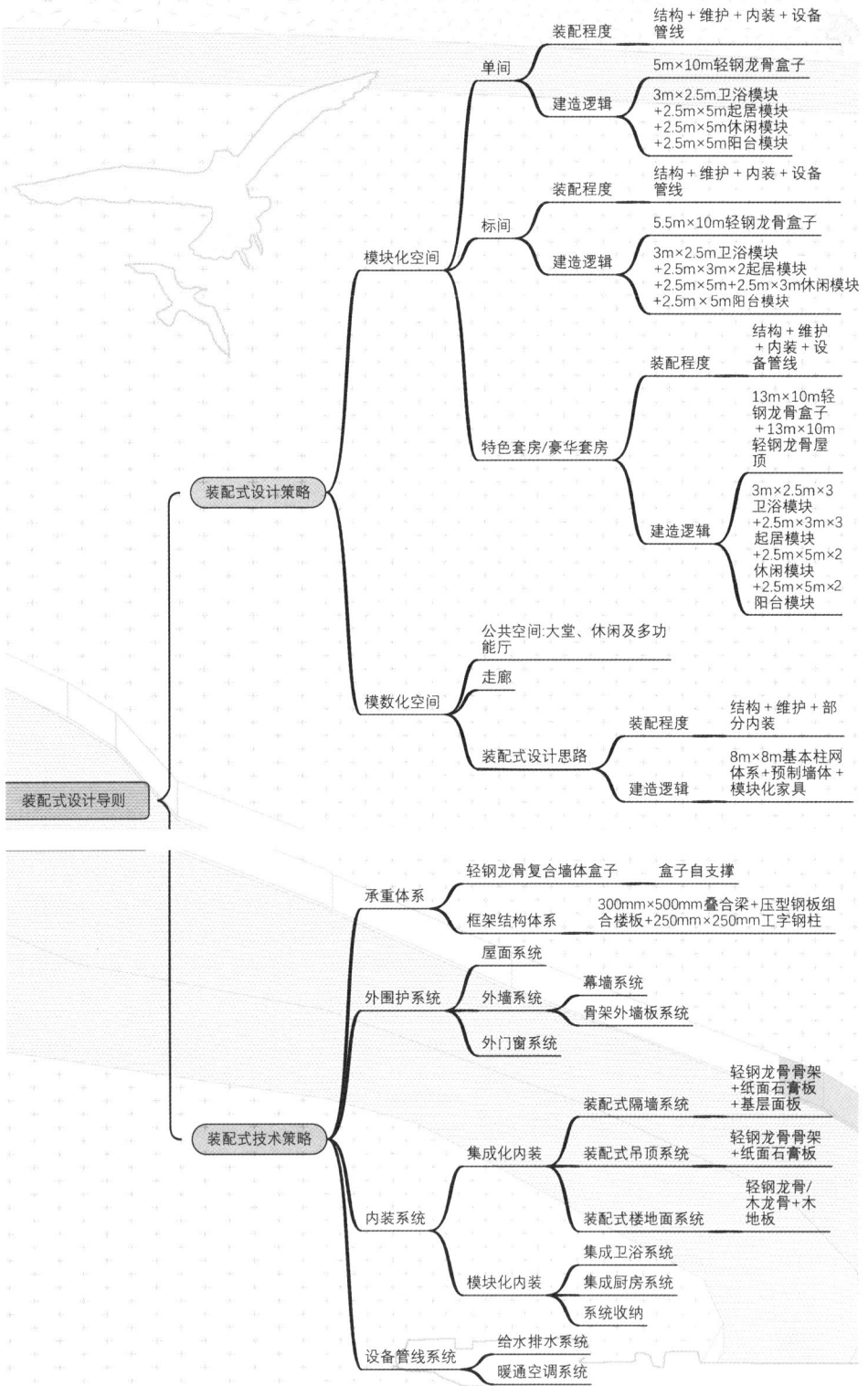

装配式设计导则

装配式设计策略
- 模块化空间
  - 单间
    - 装配程度：结构＋维护＋内装＋设备管线
    - 建造逻辑：
      - 5m×10m轻钢龙骨盒子
      - 3m×2.5m卫浴模块 +2.5m×5m起居模块 +2.5m×5m休闲模块 +2.5m×5m阳台模块
  - 标间
    - 装配程度：结构＋维护＋内装＋设备管线
    - 建造逻辑：
      - 5.5m×10m轻钢龙骨盒子
      - 3m×2.5m卫浴模块 +2.5m×3m×2起居模块 +2.5m×5m+2.5m×3m休闲模块 +2.5m×5m阳台模块
  - 特色套房/豪华套房
    - 装配程度：结构＋维护＋内装＋设备管线
    - 建造逻辑：
      - 13m×10m轻钢龙骨盒子+13m×10m轻钢龙骨屋顶
      - 3m×2.5m×3卫浴模块 +2.5m×3m×3起居模块 +2.5m×5m×2休闲模块 +2.5m×5m×2阳台模块
- 模数化空间
  - 公共空间:大堂、休闲及多功能厅
  - 走廊
  - 装配式设计思路
    - 装配程度：结构＋维护＋部分内装
    - 建造逻辑：8m×8m基本柱网体系＋预制墙体＋模块化家具

装配式技术策略
- 承重体系
  - 轻钢龙骨复合墙体盒子：盒子自支撑
  - 框架结构体系：300mm×500mm叠合梁+压型钢板组合楼板+250mm×250mm工字钢柱
- 外围护系统
  - 屋面系统
  - 外墙系统：幕墙系统；骨架外墙板系统
  - 外门窗系统
- 内装系统
  - 集成化内装
    - 装配式隔墙系统：轻钢龙骨骨架+纸面石膏板+基层面板
    - 装配式吊顶系统：轻钢龙骨骨架+纸面石膏板
    - 装配式楼地面系统：轻钢龙骨/木龙骨+木地板
  - 模块化内装
    - 集成卫浴系统
    - 集成厨房系统
    - 系统收纳
- 设备管线系统
  - 给水排水系统
  - 暖通空调系统

图16-3 装配式设计导则

客房平面轴网

3000 5000

2500
2500
2500
2500

客房三维轴网

3000 5000

2500 2500

公区平面轴网

3000 5000

2500
2500
2500
2500

公区三维轴网

8000

4500

8000

标间

2500×5000 盒子 ×2
2500×3000 盒子 ×4

2500×3000×4 块
2500×5000×2 块

2500×1000--26 块

500×1000--130 块

大床房

2500×5000 盒子 ×3
2500×3000 盒子 ×1

2500×3000×1 块
2500×5000×3 块

2500×1000--17 块

500×1000--85 块

豪华房型

2500×5000 盒子 ×7
2500×3000 盒子 ×3

2500×3000×3 块
2500×5000×7 块

2500×1000--44 块

500×1000--220 块

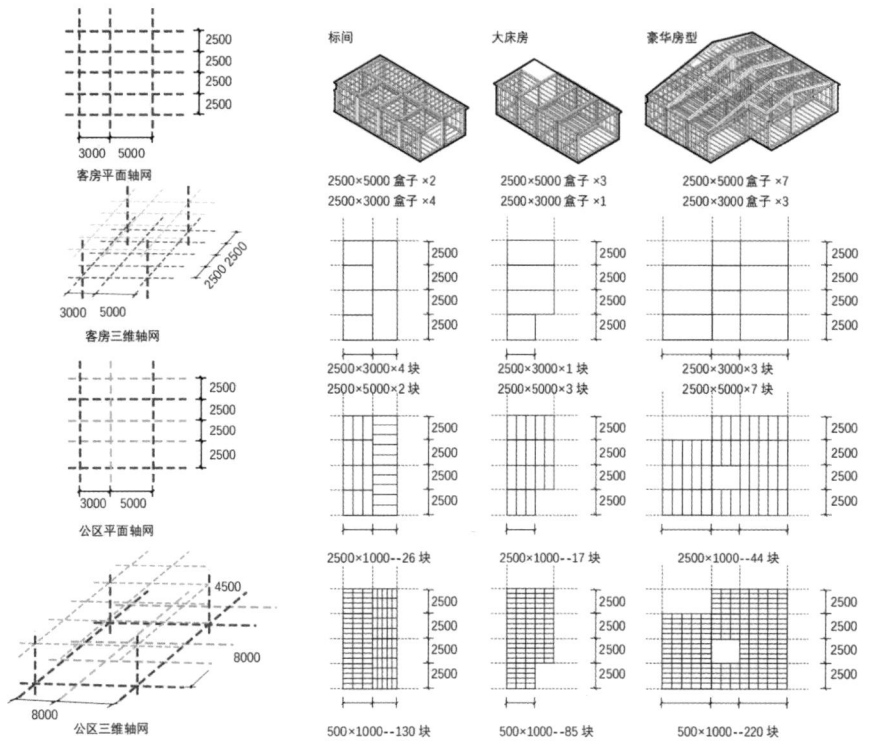

图16-4 基本模数选择

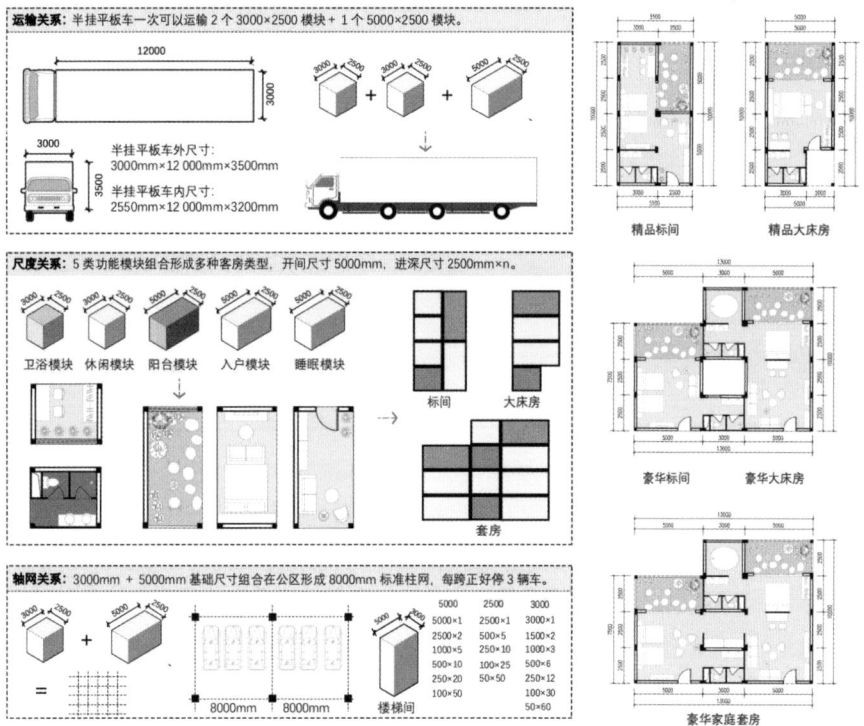

运输关系：半挂平板车一次可以运输 2 个 3000×2500 模块 + 1 个 5000×2500 模块。

12000

3000

半挂平板车外尺寸：
3000mm×12 000mm×3500mm

半挂平板车内尺寸：
2555mm×12 000mm×3200mm

3000

3500

尺度关系：5 类功能模块组合形成多种客房类型，开间尺寸 5000mm，进深尺寸 2500mm×n。

卫浴模块　休闲模块　阳台模块　入户模块　睡眠模块

标间　大床房

套房

轴网关系：3000mm + 5000mm 基础尺寸组合在公区形成 8000mm 标准柱网，每跨正好停 3 辆车。

8000mm 8000mm

楼梯间

5000	2500	3000
5000×1	2500×1	3000×1
2500×2	500×5	1500×2
1000×5	250×10	1000×3
500×10	100×25	500×6
250×20	50×50	300×10
100×50		100×30
		50×60

精品标间　精品大床房

豪华标间　豪华大床房

豪华家庭套房

图16-5 基本模块选择

195

（5）可变房型单元

顶层套房由两户拼成。通过调整基础模块的排列组合方式，可以形成多种房型单元（图16-6），套内则可选用组合方向不同的家具。

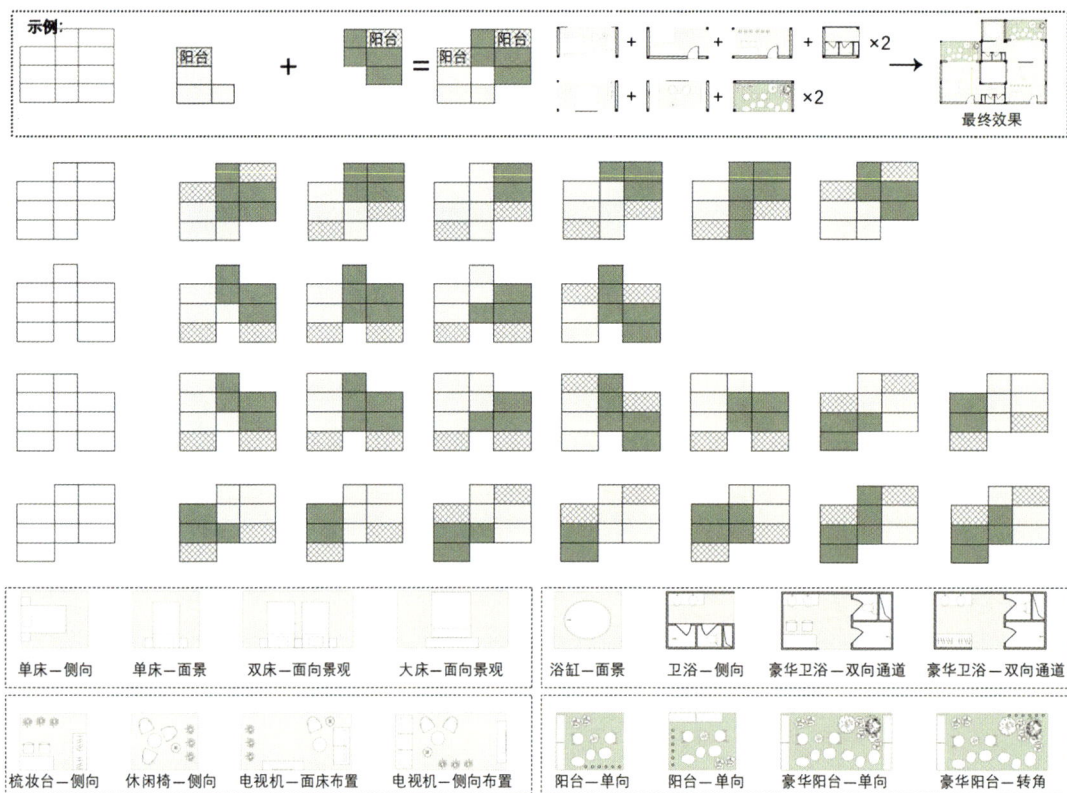

图16-6 可变单元组合

（6）"盒子"构造

对客房标准单元进行构造层次的分解如图16-7所示，标准单元"盒子"拟采用工厂预制、现场组装的方式进行安装。

（7）单元空间的多种组合

将4种客房单元采用并列、分离、退台等方式进行组合，形成丰富的空间（图16-8）。未来还可根据实际需要调整客房单元的排列方式，形成不同的布局和立面效果，满足可持续发展的要求。

3）成果示例

本项目的主要设计成果内容如图16-9所示。

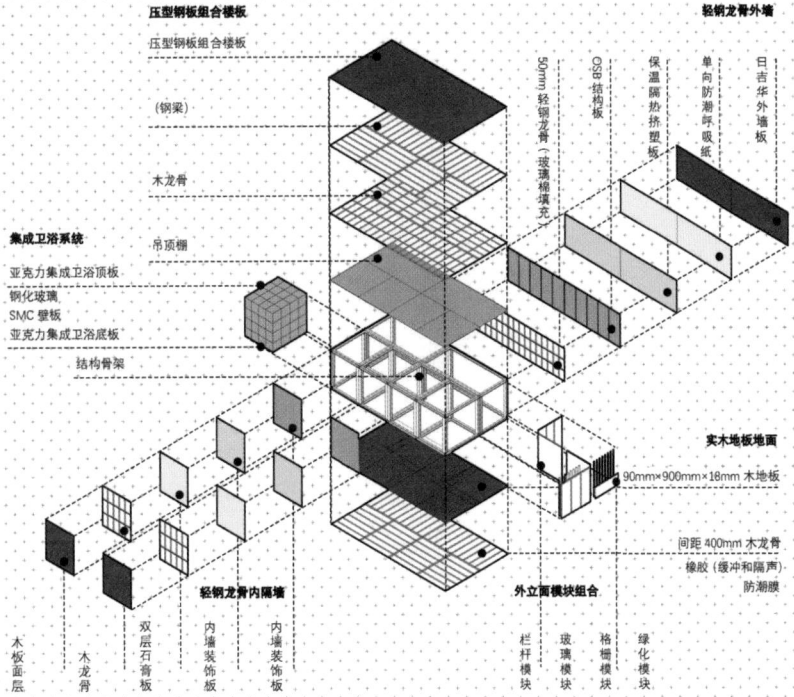

■ 客房单元构造解析 Hotel Room Unit Construction

压型钢板组合楼板
- 压型钢板组合楼板
- （钢梁）
- 木龙骨
- 吊顶棚

集成卫浴系统
- 亚克力集成卫浴顶板
- 钢化玻璃
- SMC 壁板
- 亚克力集成卫浴底板
- 结构骨架

轻钢龙骨外墙
- 50mm 轻钢龙骨（玻璃棉填充）
- OSB 结构板
- 保温隔热挤塑板
- 单向防潮呼吸纸
- 日吉华外墙板

实木地板地面
- 90mm×900mm×18mm 木地板
- 间距 400mm 木龙骨
- 橡胶（缓冲和隔声）
- 防潮膜

轻钢龙骨内隔墙
- 木板面层
- 木龙骨
- 双层石膏板
- 内墙装饰板
- 内墙装饰板

外立面模块组合
- 栏杆模块
- 玻璃模块
- 格栅模块
- 绿化模块

图16-7 盒子构造

■ 客房单元组合分析 Room Unit Composition Analysis

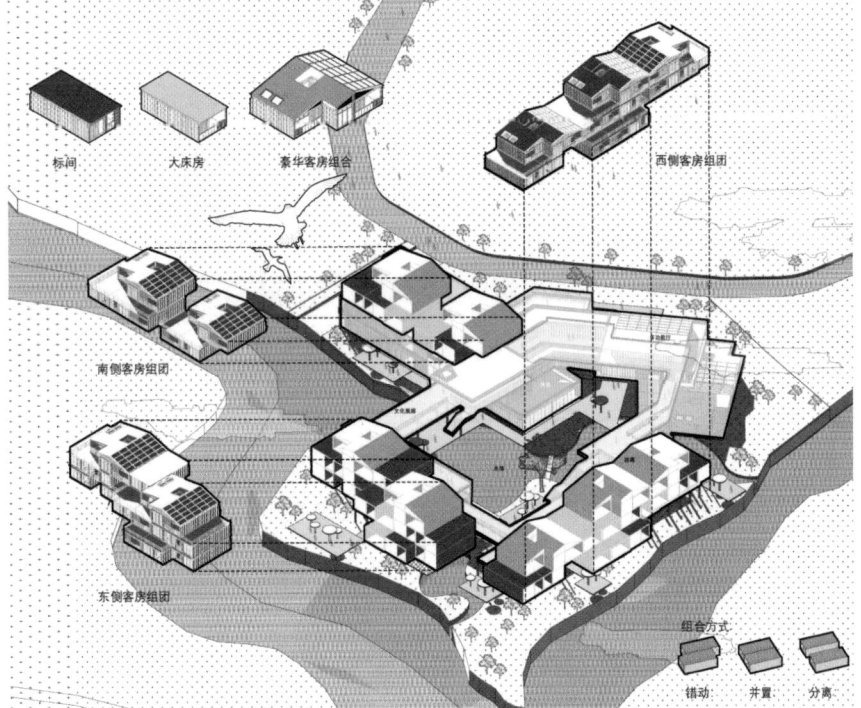

- 标间
- 大床房
- 豪华客房组合
- 西侧客房组团
- 南侧客房组团
- 东侧客房组团

组合方式
- 错动
- 并置
- 分离

图16-8 单元组合设计

197

（a）

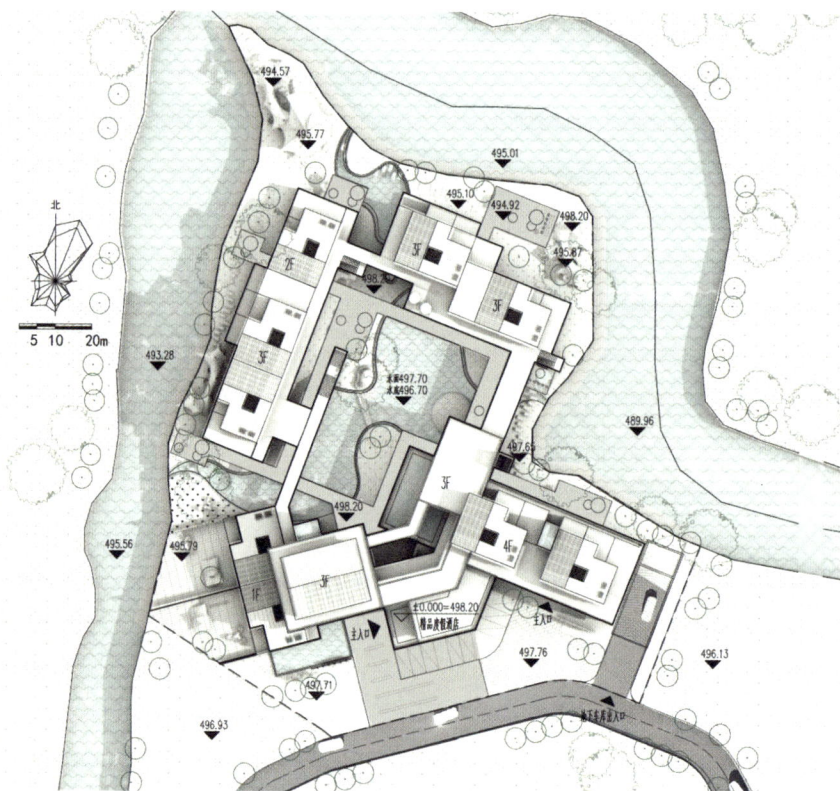

（b）

图16-9　主要设计成果内容示例
（a）空间效果；（b）总平面

（c）

（d）

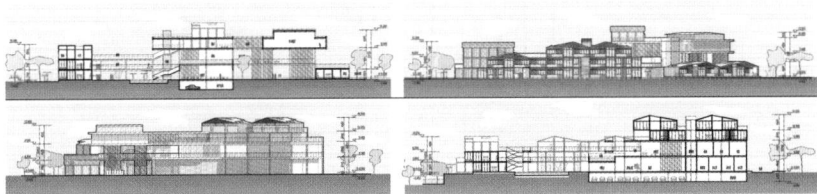

（e）

图16-9 主要设计成果内容示例（续图）
（c）二层、三层平面组织；（d）滨河效果；（e）立面、剖面表达

2．非矩形模块叠加组合设计案例

1）研究动因

模块化建筑是装配式建筑集成化设计、体量化建造的成果。但局限于交通运输条件的限制，模块单元常采用矩形体量。在现有交通运输要求且不超限的条件下，半挂平板车运输货物的尺寸约为12 000mm×2550mm×3200mm，可见即便是采用矩形体量的单元，酒店客房也需要对单元再次拆分以适应交通运输的需要。这说明在交通运输条件的限制下，模块化建筑集成度高的优势并未得到充分发挥。

此外，情绪价值是精品度假酒店的核心价值，也是客房入住率和溢价能力的基本保障。虽然设计师以方盒子单元堆叠方式创造了很多优秀建筑，无论建筑造型还是内部空间都不乏优秀作品，但设计创作可以有突破方盒子的尝试。

装配式模块化建筑具备多元化形态的标准化支撑，成为可以探索的方式。

通过对经典案例的回顾（表16-2），对比分析其基本体量、空间组合及运输施工等完整设计及建造过程，可以窥见模块化建筑的发展动向。

模块化建筑经典案例回顾
表16-2

图片展示	文字描述
	Habitat 67采用了混凝土盒子，上下错位堆叠，创造独特建筑造型的同时，内部空间也富有变化；由于混凝土盒子自重大，所以采用了现场预制吊装的方式施工；该建筑展现了一种多层建筑堆叠的方式
	东京中银舱体大楼采用了钢结构模块，工厂生产、现场吊装的方式，预制混凝土核心筒承担水平力；由于模块是悬挑于核心筒，所以建筑造型变化丰富，独具特色；该建筑提供了一种高层建筑堆叠的方式
	Wikkel House 提供了单层度假屋的一种模式，在生产工艺上独具特色，在模块划分、交通运输上适应性很强；采用了坡屋顶的形式，内外空间及造型有特色；但该模块在竖向叠加方面较弱
	1000m² Prefabricated House 采用坡屋顶单元，在模块划分、交通运输上适应性较强；单元组合有特点，内外空间及造型有特色；但该模块在竖向叠加方面也较弱

从经典案例的分析来看，模块单元采用矩形平面仍然是主流。同时，单元体量尽管有变化，但在竖向组合方向上限制较大。交通运输是上述应用现状产生的主要原因。因此，在现有条件下如果需要突破方盒子，就很难采用体量化的模块化建造。

但模块化的空间仍然是设计思考的起点，它代表了设计的标准化。在具体的装配式方案选择上，应考虑线、面组合成体的方式，应既能够突破方盒子的局限，也能够适应当下的交通运输要求。

2）单元选择

建筑空间的平面基本形状主要有三角形、矩形、圆形，以及基于方圆之间的多边形等。结合建造经济性、空间体验感和环境融入度来看，三角形平面作为酒店客房是不太合适的，因为其平面功能适应性差，且空间体验太过锐利，与度假的情绪要求不符。总体来看，矩形平面的建造经济性最佳，圆形平面则舒缓而平和，提供了更好的空间体验感，如图16-10所示。

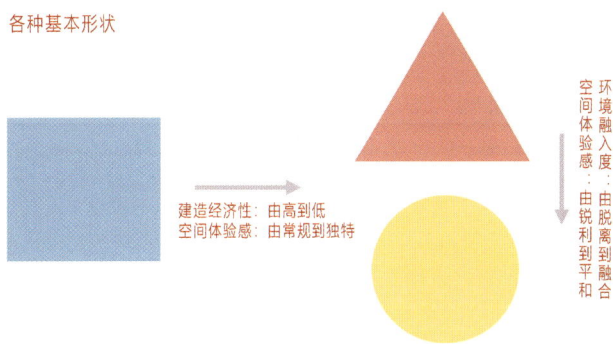

各种基本形状

建造经济性：由高到低
空间体验感：由常规到独特

环境融入度：由脱离到融合
空间体验感：由锐利到平和

图16-10 平面基本形状分析

中国传统哲学中有"天圆地方"的理念，而在方圆之间的形状还有各种多边形。多边形既可以避免三角形的尖锐，又兼具较好的建造经济性。在方形向圆形的过渡中，虽然用更多边长的多边形拟合圆形更佳，但建造效率也随之降低。奇数和偶数多边形都具有辐射对称的特点，但偶数多边形还同时具有轴对称特点。考虑到装配效率和组合多样的需要，本案例选定六边形为单元空间形状，如图16-11所示。同矩形相比，六边形空间具有景观的多向性，也带来了更为丰富的空间体验，如图16-12所示。

由于六边形平面同时具有辐射对称和轴对称的特点，故其在平面组合上具有多种可能，既可沿三个轴向进行组合，也可结合辐射对称和轴对称形成蜂窝状的群聚组合（图16-13）。此外，六边形平面的组合方式既能适应较为复杂的场地形状，也能创造较好的外部造型与空间。

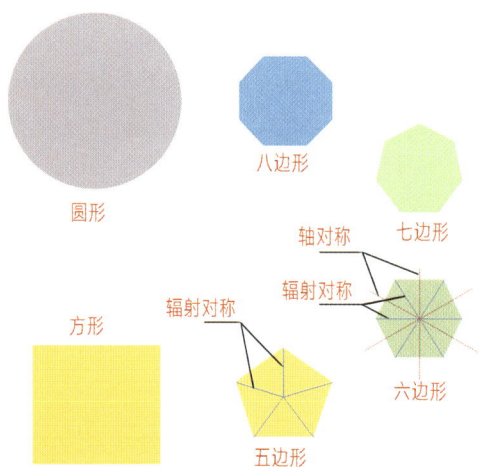

圆形

八边形

七边形

轴对称

辐射对称

方形

辐射对称

六边形

五边形

图16-11　多边形分析及比较

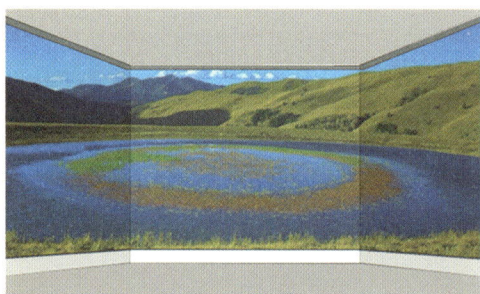

多向景观，体验丰富

单向景观、方向明确

图16-12　六边形和矩形空间景观比较

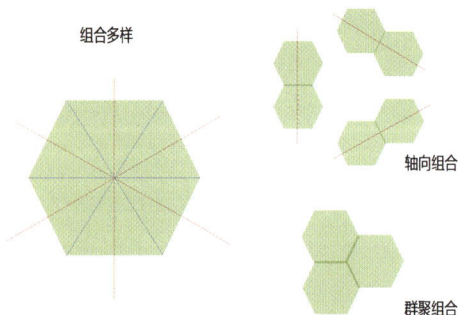

组合多样

轴向组合

群聚组合

图16-13　六边形平面组合方式

3）设计研究

项目用地为不规则形状，面积约8000m²，东西宽约90m，南北长约120m。场地东、西、北侧均被河流包围，视野景观良好。南侧为文旅园区道路。场地较为平整。用地从南至北，环境氛围从开放到私密（图16-14）。

（1）结合用地条件的主要设计策略如下

① 南部设置酒店公区，与园区道路交通联系方便；北部设置客房区，与环境融入较好；

② 南部采用大尺寸六边形体块群聚组合，以适应公区功能需求；

③ 北部采用小尺寸六边形体块轴向组合，以保障客房的良好景观；

④ 南北之间采用院落围合，借景与造景并重，增加空间层次。

（2）空间单元适应性分析（图16-15）

① 客房适应性：客房选用4m边长六边形，面积约为40m²，符合度假酒店标准间面积大小；根据任务书要求，还能以此组合成各类套间；考虑到客房景观需求，客房采用轴向组合，因此交通走廊采用外挂方式实现；

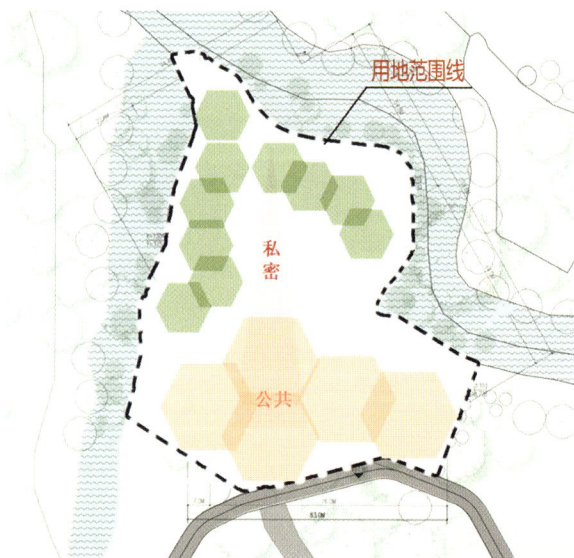

用地范围线

私密

公共

图16-14　用地范围及主要设计策略

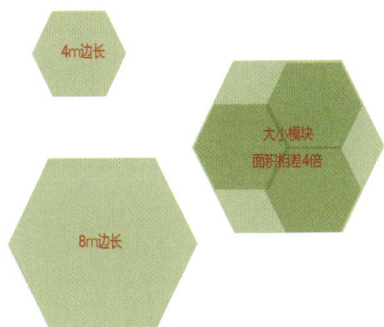

图16-15 空间单元适应性分析

②公共区域适应性：公共区域采用8m边长六边形，面积为客房单元的四倍，约166m²，基本满足各类公共区域的面积需要；公共区域采用群聚组合模式形成大空间，可以根据需要在大空间内灵活划分功能用房和交通联系部分；

③通用性：客房和公共区域采用倍数尺寸，有利于二者在楼板和顶棚等部品、部件的通用性。

（3）装配式设计策略

根据模块化空间单元的主题特色，按照公共区域、客房、交通三个不同的功能进行设计内容的深化，形成针对标准单元的装配式设计技术策略（图16-16）。

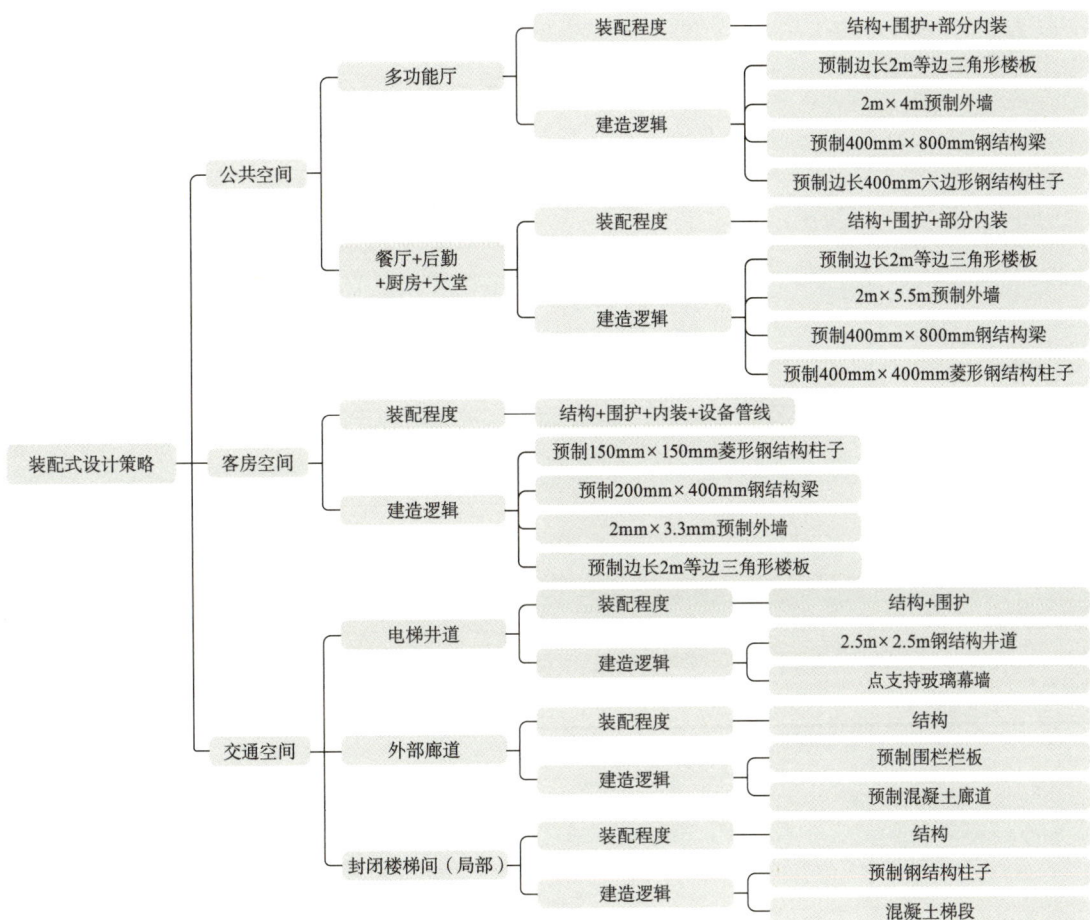

图16-16 装配式设计策略

（a）

4）成果示例

图16-17为这一设计训练的部分图纸成果内容。图纸中的装配式爆炸分析图见本章章隔页图。

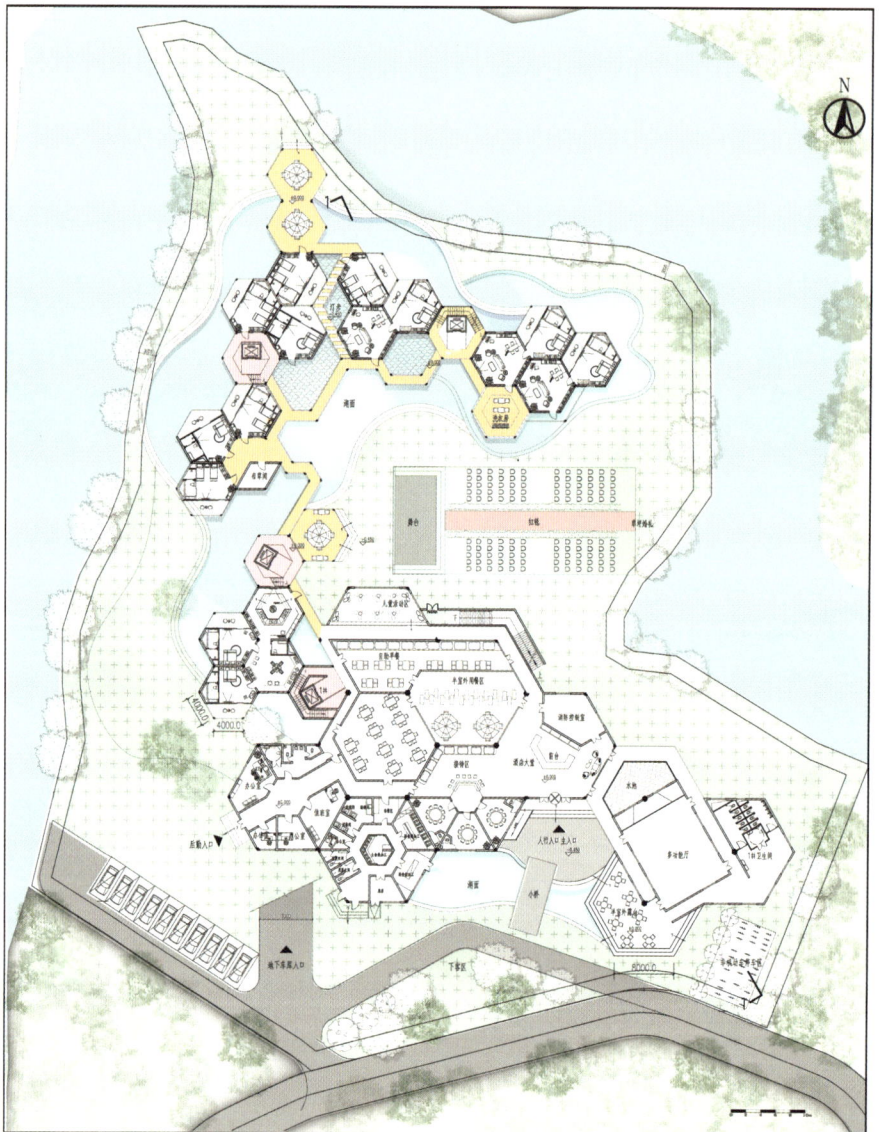

（b）

图16-17 部分设计成果图
（a）体量关系；（b）首层平面

（c）

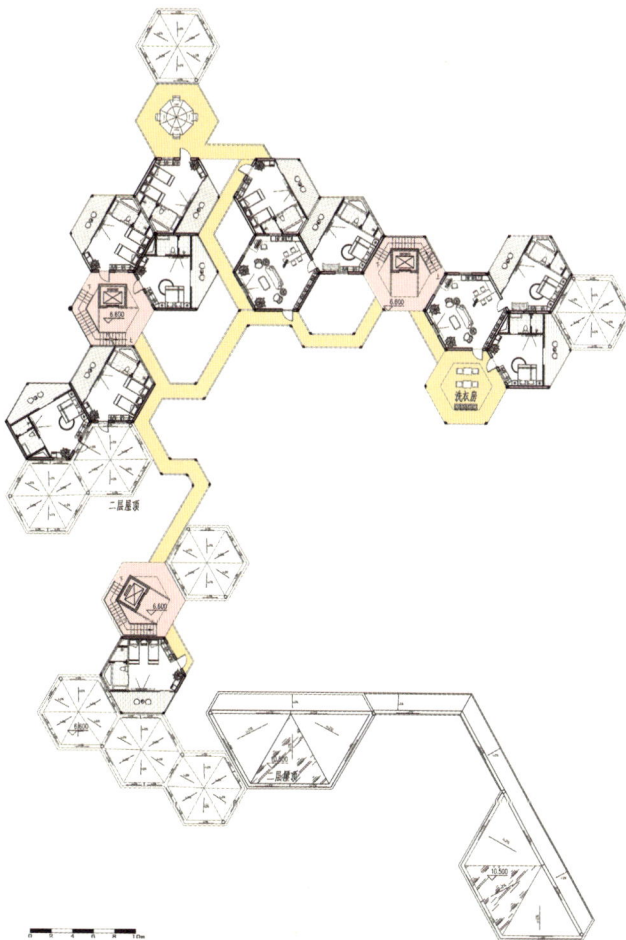

（d）

（e）

图16-17　部分设计成果图（续图）
（c）剖面；（d）三层平面；（e）内庭透视

3．装配式乡村农房产品设计

1）研究动因

和度假酒店等综合性训练不同，农房作为居住建筑类型，在建设体量、功能构成上较为单一。但是，农房建设在当前面临技术转型的问题，装配式建造也面临在乡村市场的推广探索。广大的乡村农房目前仍处于比较粗放的建设状态。同时，传统乡村建筑在环境品质和使用功能如结构安全、保温隔热、隔声、防水防潮等居住舒适性等方面很难满足现代需求。乡村建设的劳动力受到务工外流的影响，在用工人员和时间上逐渐有所不足。这些需求和现实的发展变化使装配式建造方式进入乡镇建设市场、发展多元建造模式成为必然。同时，在大量同质化、千村一面的农房建设中，传统风貌正随着统一化的建材产品对市场的垄断而逐渐消退。工业化进程的加速必然导致同质化风貌的不可逆转吗？结合当前农房建设中，将农房作为装配化产品进行设计，把地域文化特色元素融入其中，并与解决农房实际需求相结合，立足于地域企业资源，借助信息化平台，也具备发展本土特色建造产业的可能。

这一设计训练以农房竞赛设计为依托，以巴渝地区的农房为研究对象，基于对地域自然环境、建筑风貌等特色开展综合研究分析（表16-3），设计在此基础上展开。

设计任务的外部条件限定　　　　　　　　　　　　　　　　表16-3

自然环境	巴渝地区多山地丘陵、少平地，农房建造相对分散；道路随山势蜿蜒，运输条件相对受限
建筑风貌	受地形限制，平地院落式难以形成，多以单栋建造随地形高差组合错落，材料上多为木构或砖房，屋顶平坡兼有
问题/优势	农房建设缺少功能与风貌上的设计和引导，品质有待提升；乡村道路运输条件、经济发展水平对建筑的结构选型和施工提出了挑战，但部分乡村出现了对轻钢房屋的自发应用

2）设计研究

本设计"模屋"为装配式农房设计，拟设计一款高品质、模块化，能够在巴渝广大乡村地区推广的农房产品。

（1）功能空间与模数组合

结合当地农宅典型功能布局调研，设计采用A=1.2M的模数，设置三种主要空间模块（4A×4A、3A×4A、2A×4A）进行组合，以满足四人户、五人户的不同需求。采用模数化空间组合的方式，减少标准构件的类型，简化以便于生产推广（图16-18、图16-19）。

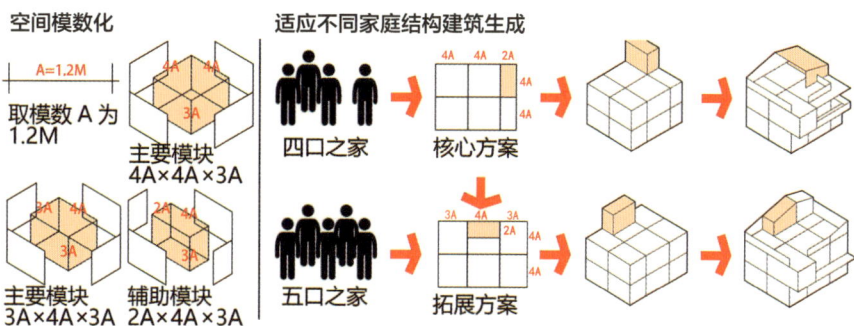

图16-18 基于功能需求的模数组合

图16-19 不同家庭构成背景下的平面组合

（2）外观特色

在外观形态上，采用传统坡屋顶与现代平屋顶相结合的方式，材料以具备传统特性的木材与当代材料相结合，既体现了乡村建筑的特点，也展现了现代工业构造的特色（图16-20）。

（3）装配式技术选择与设计深化

设计者对装配式混凝土框架结构、冷弯薄壁型钢结构和盒子建筑等几种装配化方案进行了综合对比（图16-21），最终采用冷弯薄壁型钢结构，既利于标准化生产，又能够满足乡村运输条件，缩短施工周期。同时，也兼顾到这一结构形式具备"墙承重"的传统建造概念的延续，在建造上容易得到推广（图16-21）。

确定选取采用冷弯薄壁型钢结构后，设计研究以"A"模数为基准，对构件进行了标准化设计与统计（图16-22）。

设计解析

屋顶采用平坡结合的形式以消减体量感

屋顶材质采用深色金属板增强现代感

高密度纤维水泥板外饰面简洁美观

木制外饰面使建筑观感柔和契合乡村特点

深色金属空调格栅消减外挂空调主机

金属玻璃栏杆展现工业构造之美

深色金属框玻璃推拉门增强了空间通透性

深色金属框玻璃平开门增强了空间通透性

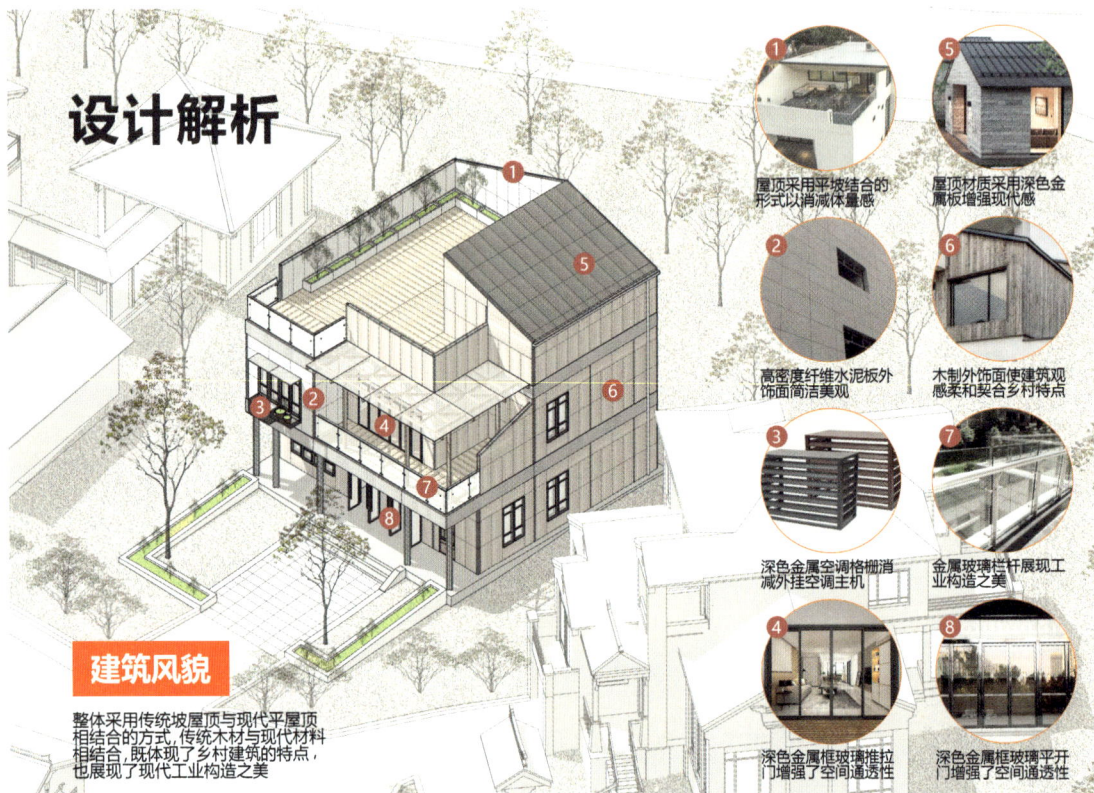

图16-20　外观设计要素解析

建筑风貌

整体采用传统坡屋顶与现代平屋顶相结合的方式，传统木材与现代材料相结合，既体现了乡村建筑的特点，也展现了现代工业构造之美

技术对比

装配式混凝土框架结构

冷弯薄壁型钢结构

盒子建筑

结构体系	优点	缺点
装配式混凝土框架结构	可标准化施工、计划和程序管理严密；机械化程度高；质量可靠、安全；市场应用较成熟、布置灵活，容易满足不同建筑功能需求；构件较容易实现标准化、规模化，构件可靠性容易得到保证；单个构件重量较小、吊装方便	现场湿作业量大；节点处理及构造连接复杂重量大；耐久年限低，不够绿色环保仅适用于多层、小高层建筑
冷弯薄壁体系	重量轻、强度高，易于预制和量产，安装快，可回收利用，在低层住宅建筑中得到了广泛的应用	楼板重量较大，受力性能及舒适度有待改善；要将其推广到中高层建筑，还需要做进一步的研究
盒子体系	①装配程度高，施工周期较其他两种短；②整体性强，安全性强，每个盒子都是独立的支撑体，力学性能高；③方便更换；④节约成本；⑤虽然空间重复性高，但是更适用于农村建设需要	①盒子尺寸受运输高度限制，会增多盒子使用量，破坏盒子建筑完整性；②与其他装配式形式相比较，盒子建筑虽配度较高，但变形与灵活性不足

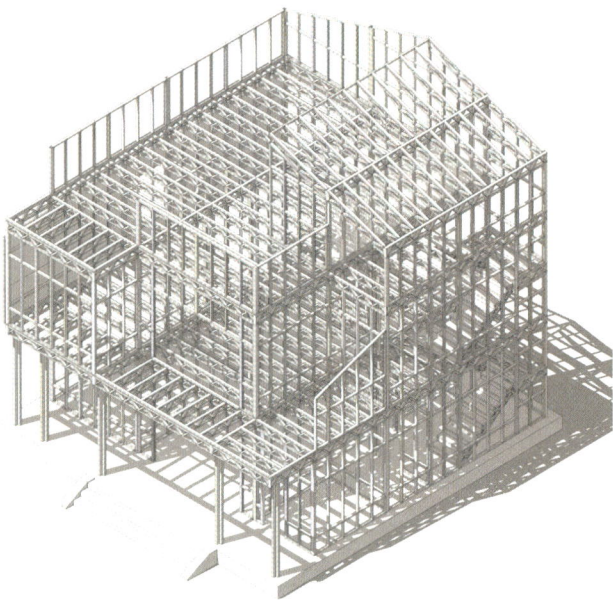

图16-21　技术选择及结构构成解析

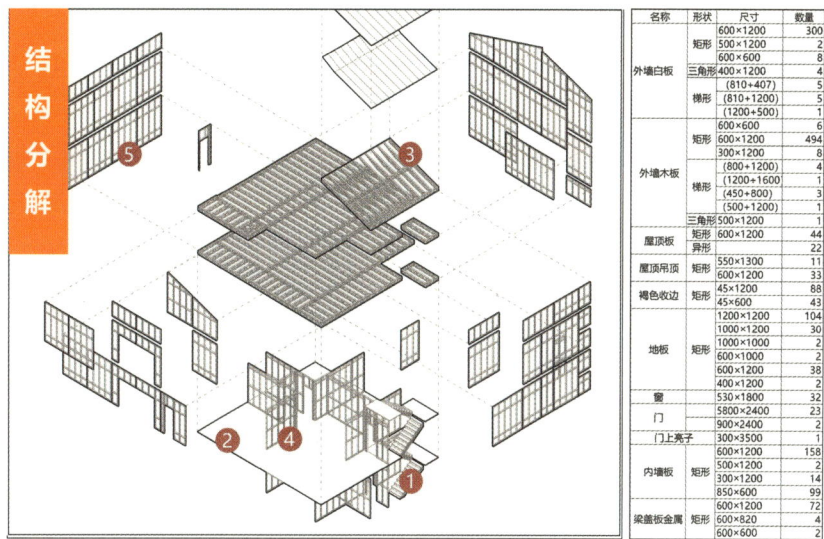

名称	形状	尺寸	数量
外墙白板	矩形	600×1200	300
		500×1200	2
		600×600	8
	三角形	400×1200	4
	梯形	(810+407)	5
		(810+1200)	5
		(1200+500)	1
外墙木板	矩形	600×600	6
		600×1200	494
		300×1200	8
	梯形	(800+1200)	4
		(1200+1600)	1
		(450+800)	3
		(500+1200)	1
	三角形	500×1200	1
屋顶板	矩形	600×1200	44
	异形		22
屋顶吊顶	矩形	550×1300	11
		600×1200	33
褐色收边	矩形	45×1200	88
		45×600	43
地板	矩形	1200×1200	104
		1000×1200	30
		1000×1000	2
		600×1000	2
		600×1200	38
		400×1200	2
窗		530×1800	32
门		5800×2400	23
		900×2400	2
门上亮子		300×3500	1
内墙板	矩形	600×1200	158
		500×1200	2
		300×1200	14
		850×600	99
		600×1200	72
梁盖板金属	矩形	600×820	4
		600×600	2

（a）

（b）

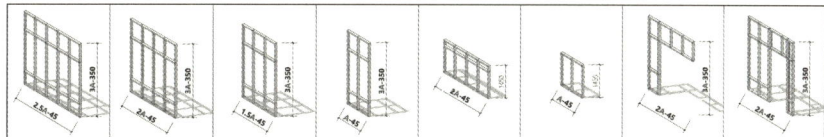

（c）

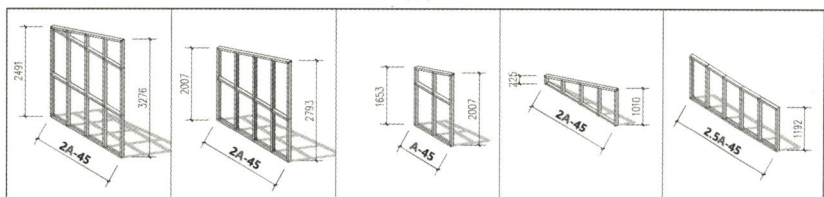

（d）

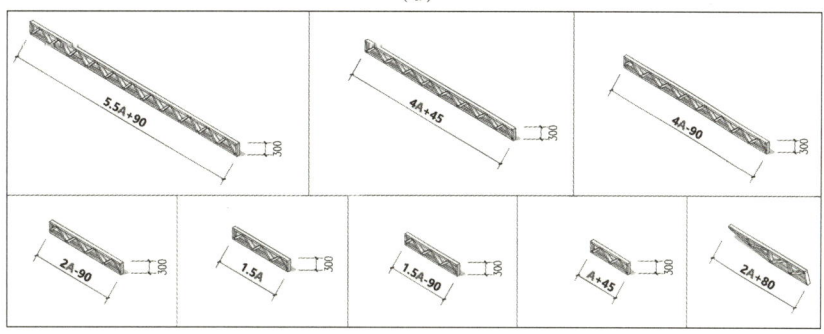

（e）

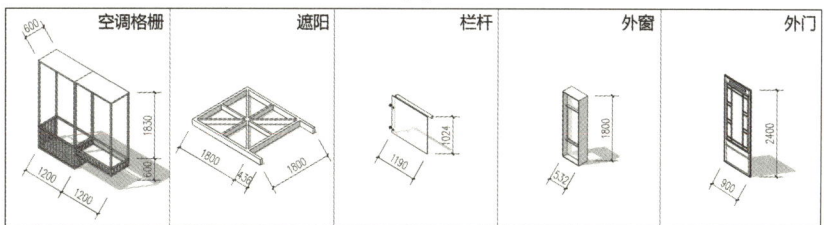

（f）

图16-22 构件的标准化设计解析
（a）建造分解；（b）构件统计表（c）标准墙板分解；
（d）带女儿墙墙板分解；（e）板梁类型；（f）其他构件汇总

209

3）成果展示（图16-23）

（a）

（b）

图16-23 装配式农房设计效果

本章回顾

装配式建筑的设计训练有别于功能—空间训练模式下的工程技术约束，需要基于系统化的产品观念，从小的部件、部品产品到大的空间产品的设计。这一"产品"概念固然有其理想化的成分，特别是脱离了企业的生产线深化的反馈、限定，但是其对于空间设计的思维训练，仍然提出了在产品、建造等全流程环节中，建筑技术作为"外延"的内容要求。这一建筑设计学习的当代转型领域，仍然属于空间创作的范畴，属于建筑师的职业钻研领域。其与市场、产业的结合度，在当下有更多的提升要求。空间设计如何推动双碳背景下的装配式建造市场发展，是建筑师面对的技术发展转型期的特殊时空节点，也是美学—空间—技术—产业的精深化发展需求。

思考题与练习题

1. 请结合本章内容，分析装配式建筑设计与非装配式建筑设计在设计思路上的差异。

2. 观察身边的建成环境，针对不同的既有建筑，探讨其可能的装配化技术路径。

3. 回顾自己曾经完成的设计，选择一个适宜的设计案例，从装配式设计的角度，探讨其在装配式建造条件下重新开展设计的可能方式。

参考文献

[1] 博奥席耶 W. 勒·柯布西耶全集：第5卷·1946—1952年［M］. 牛燕芳，程超，译. 北京：中国建筑工业出版社，2005.

[2] 中国科学院自然科学史研究所. 中国古代建筑技术史［M］. 北京：科学出版社，1985.

[3] 原口秀昭. 路易斯·Ⅰ. 康的空间构成：图说20世纪的建筑大师［M］. 徐苏宁，吕飞，译. 北京：中国建筑工业出版社，2007.

[4] 樊则森. 从设计到建成：装配式建筑20讲［M］. 北京：机械工业出版社，2018.

[5] 刘建荣，翁季，孙雁. 建筑构造：下册［M］. 6版. 北京：中国建筑工业出版社，2019.

[6] 刘东卫，等. SI住宅与住房建设模式：理论·方法·案例［M］. 北京：中国建筑工业出版社，2016.

[7] 刘东卫，等. SI住宅与住房建设模式：体系·技术·图解［M］. 北京：中国建筑工业出版社，2016.

[8] 马立. "并行化"模式下的建筑装配式建造［M］. 北京：中国建筑工业出版社，2021.

[9] 王宏刚，等. 装配式装修干式工法［M］. 北京：中国建筑工业出版社，2020.

[10] 中国建筑标准设计研究院有限公司，刘东卫. 装配式建筑系统集成与设计建造方法［M］. 北京：中国建筑工业出版社，2020.

[11] 中国建筑工业出版社，中国建筑学会. 建筑设计资料集：第2分册 居住［M］. 3版. 北京：中国建筑工业出版社，2017.

[12] 叶浩文，周冲. 装配式建筑的设计—加工—装配一体化技术［J］. 施工技术，2017，46（9）：17-19.

[13] 李桦. 住宅设计的二级模数系统及其运用［J］. 建筑学报，2015（S1）：237-241.

[14] SMITH R E. Prefab Architecture: A Guide to Modular Design and Construction[M]. New York: Wiley & Sons Inc., 2010.

[15] LAWSON M, OGDEN R, GOODIER C. Design in Modular Construction[M]. Boca Raton: CRC Press, 2014.

[16] 弗洛拉·塞缪尔. 勒·柯布西耶的细部设计［M］. 邓敬，殷红，王梅，译. 北京：中国建筑工业出版社，2009.

[17] 中建科技有限公司，中建装配式建筑设计研究院有限公司，中国建筑发展有限公司. 装配式混凝土建筑设计［M］. 北京：中国建筑工业出版社，2017.

[18] 中华人民共和国住房和城乡建设部，中华人民共和国国家质量监督检验检疫总局.①装配式混凝土建筑技术标准：GB/T 51231—2016［S］. 北京：中国建筑工业出版社，2017.

[19] 中华人民共和国住房和城乡建设部，中华人民共和国国家质量监督检验检疫总局. 装配式钢结构建筑技术标准：GB/T 51232—2016［S］. 北京：中国建筑工业出版社，2017.

[20] 中华人民共和国住房和城乡建设部，中华人民共和国国家质量监督检验检疫总局. 装配式木结构建筑技术标准：GB/T 51233—2016［S］. 北京：中国建筑工业出版社，2017.

[21] 中华人民共和国住房和城乡建设部. 装配式混凝土结构技术规程：JGJ 1—2014［S］. 北京：中国建筑工业出版社，2014.

---

① 现为国家市场监督管理总局。